JN045501

Z-KAI

ハイスコア！
共通テスト攻略

生物基礎

改訂版

Z会編集部 編

HIGH SCORE

はじめに

　大学入学共通テスト（以下，共通テスト）は，「高校の段階における基礎的な学習の達成程度」を判定する試験であり，大学入学を志願する多くの受験生にとって関門といえる存在です。知識・技能だけでなく，思考力，判断力，表現力を問う幅広い問題が出題され，受験生の負担は決して軽くありません。

　「ハイスコア！共通テストシリーズ」では，共通テストの出題のツボや受験生の弱点をふまえて，科目ごとの"最強の解決法"として，正解を導くために必要な知識や手順をわかりやすく示しています。

　この書籍は，共通テスト生物基礎の対策をできるだけ効率よく済ませたい，だけど高得点を目指したい，という方のためのものです。

　共通テストで出題される問題は，教科書レベルの知識だけで解ける問題と，考察力が必要な問題に二分されます。知識も考察力もバランスよく身につけないと，共通テスト生物基礎で高得点はねらえません。
　また，考察力が必要な問題で登場する実験操作や実験結果を正しく理解するには，当然教科書レベルの知識が必要です。

　しかし，一口に「教科書レベルの知識」といっても，その量は少なくはありません。しかも，本番までの時間は有限で，他にもやらなくてはならない科目を抱えていることでしょう。

　そのような受験生に向けて，「共通テスト生物基礎で必要とされる力をできるだけ効率よく，段階的に身につけてほしい」と願い，この書籍をつくりました。
　共通テスト生物基礎で必要とされる力を効率よく身につけるコツは，まず用語の意味を正しく理解すること，そして，知識を得点に変える方法を問題演習によって学ぶことです。これを繰り返せば，必ず力が定着していくことでしょう。

　この書籍を手にしたあなたが，喜びの春を迎えることを願ってやみません。

Ｚ会編集部

目次

本書の構成と利用法

構成

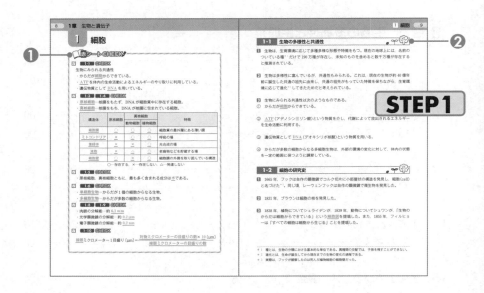

STEP 1

STEP 2

STEP 3

利用法

STEP1 「要点」で知識を定着させる

◉まずは 赤シートCHECK！（❶）を読んで，そのテーマの最重要事項が身についているかを確認しましょう。たとえば， 1-2 CHECK は， 1-2 の内容をチェックできるようになっています。

◉「要点」を読んで，基本事項を一通り確認しましょう。暗記すべき生物用語は赤字で示されています。また，暗記する必要はないものの，理解するために重要な生物用語は**太字**で示されています。

◉説明には，共通テスト生物基礎での重要度に応じて重要度スコア（❷）が示されています。初めて学習する際や時間が限られている際には ✿✿🧠 を中心に学習を進め，まずは基本事項を理解しましょう。また，定期テストや共通テストで高得点を目指す場合には， ✿✿✿ の内容まで理解するとよいでしょう。

STEP2 「標準マスター」で知識を確認する

◉「要点」で学んだ知識は「標準マスター」で確認しましょう。問題※は 用語 ， 正誤判断 ， 考察 と共通テストの出題形式ごとになっており，頻出の問題には 頻出！ がついています。なお，解答は別冊に掲載しています。

※ 一部センター試験の過去問かそれを改題した問題が含まれます。

STEP3 「実戦クリアー」に挑戦する

◉各章の最後には，「実戦クリアー」を用意しています。ここでは，共通テスト生物基礎で高得点を獲得するためにポイントとなる力を身につけられるよう，是非解いておいてほしい問題※を厳選しています。 STEP1 と STEP2 で身につけた知識をもとに，難易度の高い考察問題に挑戦して，考察力や読解力を身につけましょう。解答は別冊に掲載しています。

※ 一部センター試験の過去問かそれを改題した問題が含まれます。

3章までを STEP1 〜 STEP3 の順に一通りやり終えたら，Ｚ会の通信教育や書籍『共通テスト実戦模試』，『共通テスト予想問題パック』にトライしてみましょう。わからないところや間違えたところは，本書の該当するテーマを復習してみましょう。

1 細胞

赤シートCHECK

☑ **1-1** CHECK

生物にみられる共通性

・からだが細胞からできている。

・ATP を体内の生命活動によるエネルギーのやり取りに利用している。

・遺伝物質として DNA を用いている。

☑ **1-3** **1-4** CHECK

・原核細胞…核膜をもたず，DNA が細胞質中に存在する細胞。

・真核細胞…核膜をもち，DNA が核膜に包まれている細胞。

構造体	原核細胞	真核細胞		特徴
		動物細胞	植物細胞	
細胞膜	○	○	○	細胞質の最外層にある薄い膜
ミトコンドリア	×	○	○	呼吸の場
葉緑体	×	×	○	光合成の場
液胞	×	△	○	老廃物などを貯蔵する場
細胞壁	○	×	○	細胞膜の外側を取り囲んでいる構造

○…存在する，×…存在しない，△…発達しない

☑ **1-5** CHECK

・原核細胞，真核細胞ともに，最も多く含まれる成分は水である。

☑ **1-6** CHECK

・単細胞生物…からだが1個の細胞からなる生物。

・多細胞生物…からだが多数の細胞からなる生物。

☑ **1-8** **1-9** CHECK

・肉眼の分解能…約 0.1 mm

・光学顕微鏡の分解能…約 0.2 μm

・電子顕微鏡の分解能…約 0.2 nm

☑ **1-10** CHECK

$$接眼ミクロメーター1目盛り〔μm〕 = \frac{対物ミクロメーターの目盛りの数 \times 10 〔μm〕}{接眼ミクロメーターの目盛りの数}$$

1-1 生物の多様性と共通性

1 生物は，生育環境に応じて多種多様な形態や特徴をもつ。現在の地球上には，名前の
ついている種[*1]だけで190万種が存在し，未知のものを含めると数千万種が存在する
と推測されている。

2 生物は多様性に富んでいるが，共通性もみられる。これは，現在の生物が約40億年
前に誕生した共通の祖先に由来し，共通の祖先がもっていた特徴を保ちながら，生育環
境に応じて進化[*2]してきたためだと考えられている。

3 生物にみられる共通性は次のようなものである。
① からだが<u>細胞</u>からできている。

② <u>ATP</u>（アデノシン三リン酸）という物質を介し，代謝によって放出されるエネルギー
を生命活動に利用する。

③ 遺伝物質として<u>DNA</u>（デオキシリボ核酸）という物質を用いる。

④ からだが多数の細胞からなる多細胞生物は，外部の環境の変化に対して，体内の状態
を一定の範囲に保つように調節している。

1-2 細胞の研究史

1 1665年，フックは自作の顕微鏡でコルク切片に小部屋状の構造を発見し，細胞（cell）
と名づけた[*3]。同じ頃，レーウェンフックは自作の顕微鏡で微生物を発見した。

2 1831年，ブラウンは細胞の核を発見した。

3 1838年，植物についてシュライデンが，1839年，動物についてシュワンが，「生物の
からだは細胞からできている」という<u>細胞説</u>を提唱した。また，1855年，フィルヒョ
ーは「すべての細胞は細胞から生じる」ことを提唱した。

---

*1 種とは，生物の分類における基本的な単位である。異種間の交配では，子孫を残すことができない。
*2 進化とは，生命が誕生してから現在までの生物の変化の過程である。
*3 実際は，フックが観察したのは死んだ植物細胞の細胞壁だった。

1-3　原核細胞と真核細胞

1　細胞は<u>細胞膜</u>に囲まれた，生物体の構造と機能の単位である。

2　核膜をもたず，DNA が細胞質中に存在する細胞を<u>原核細胞</u>，核膜をもち，DNA が核膜に包まれている細胞を<u>真核細胞</u>という。一般に，原核細胞の方が小さい。

3　原核細胞からなる生物を<u>原核生物</u>，真核細胞からなる生物を<u>真核生物</u>という。大腸菌などの細菌は原核生物，酵母などの菌類や動植物は真核生物である。

4　真核細胞内には，**細胞小器官**とよばれるさまざまな構造がみられる。

5　細胞小器官は，動物細胞と植物細胞とで違いがみられる。また，原核細胞には，核膜以外にも，葉緑体やミトコンドリアなどが存在しない。

構造体	原核細胞	真核細胞	
		動物細胞	植物細胞
DNA	○	○	○
核（核膜）	×	○	○
細胞膜	○	○	○
ミトコンドリア	×	○	○
葉緑体	×	×	○
液胞	×	△ *4	○
細胞壁	○	×	○

○…存在する，×…存在しない
△…発達しない

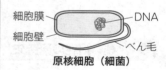

原核細胞（細菌）

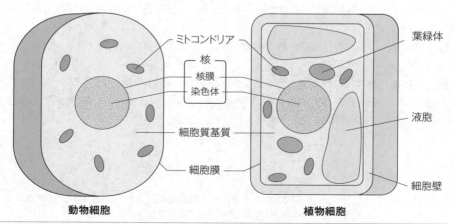

動物細胞　　　　　　　　　　　植物細胞

＊4　液胞は動物細胞にも存在するが，発達していない。

1-4 真核細胞の構造

1 【細胞膜】

① **細胞膜**は細胞質の最外層にある，厚さ約 5〜10 nm の薄い膜である。

② 細胞膜は細胞内外を仕切り，物質の出入りの調節などを行う。

2 【細胞壁】

① **細胞壁**は植物や菌類の細胞膜の外側を取り囲んでいる，細胞の最外層にある構造である。

② 植物細胞の細胞壁は，<u>セルロース</u>やペクチンなどを主成分としており，細胞を保護し，細胞どうしを結びつけることで，植物体を支持する。

3 【細胞質・細胞質基質】

① **細胞質**は細胞のうち，細胞膜より内側で**核**を除いた部分である。

② **細胞質基質（サイトゾル）**[*5] は細胞小器官の間を埋めている液状部分であり，さまざまな物質や酵素などが存在する。

4 【核】

① **核**は<u>核膜</u>に包まれた球状の細胞小器官である。核の内部には<u>染色体</u>があり，その周囲は核液で満たされている。染色体は <u>DNA</u> と<u>タンパク質</u>からなり，<u>酢酸オルセイン</u>や<u>酢酸カーミン</u>で<u>赤色</u>に染まる。

② 核は細胞の生存と増殖に必要な細胞小器官である。また，DNA は遺伝子の本体であり，細胞の形や性質を決める。

---

*5 細胞質基質には流動性がみられる。生きた細胞において，細胞質中の細胞小器官が流れるように動く現象を細胞質流動（原形質流動）という。

5 【ミトコンドリア】

① **ミトコンドリア**は，幅 0.5 μm 前後，長さ 1〜数 μm 程度の粒状または糸状の細胞小器官である。核の DNA とは異なる独自の DNA をもつ。また，ヤヌスグリーンで青緑色に染まる。

② ミトコンドリアは，酸素を用いて有機物を分解し，エネルギー(ATP)を取り出す呼吸の場となる。そのため，肝臓や筋肉などの活発に活動している細胞に多くみられる。

6 【葉緑体】

① **葉緑体**は，直径 5〜10 μm，厚さ 2〜3 μm 程度の凸レンズ型または紡錘型の細胞小器官である。核の DNA とは異なる独自の DNA をもつ。

② 葉緑体は，緑色の色素であるクロロフィルをもつ。光エネルギーを用いて，二酸化炭素と水から炭水化物などの有機物を合成する光合成の場となる。

7 【液胞】

① **液胞**は，液胞膜に包まれた袋状の細胞小器官であり，内部は細胞液で満たされている。

② 液胞は，細胞内の老廃物などを貯蔵したり，細胞内の水分や物質の濃度の調節に関わったりする。細胞液には，糖(炭水化物)やアミノ酸，無機塩類などが含まれ，植物細胞ではアントシアンなどの色素が含まれる場合もある。細胞液に含まれる糖やアミノ酸は果実などの味のもとに，色素は花などの色のもとになっている。

③ 液胞は，成長した植物細胞でよく発達しており，体積増加による細胞成長を担っている。動物細胞や若い植物細胞では発達していない。

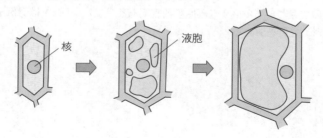

1-5 細胞の構成成分

1 細胞の構成成分の割合の一例を次に示す。

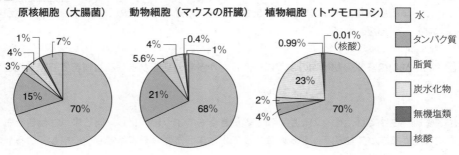

原核細胞（大腸菌）　動物細胞（マウスの肝臓）　植物細胞（トウモロコシ）

7%　1%　4%　3%　15%　70%

0.4%　1%　4%　5.6%　21%　68%

0.01%（核酸）　0.99%　23%　2%　4%　70%

水／タンパク質／脂質／炭水化物／無機塩類／核酸

※ グラフ中の割合は質量パーセント濃度

2 原核細胞，真核細胞（動物細胞・植物細胞）ともに，最も多く含まれる成分は<u>水</u>である。動物細胞と植物細胞では，タンパク質と炭水化物の割合が大きく異なる。

水の働き	生体内にある各種の物質の溶媒として働く。また，比熱が大きいため，細胞の温度を一定に保つことができる。
タンパク質の働き	酵素の主成分として生体内の化学反応を促進する，抗体として生体防御に働く，などさまざまな働きを担っている。
脂質の働き	細胞膜を構成する他，生体のエネルギー源として働く。
炭水化物の働き	生体のエネルギー源として働く。植物細胞では，細胞壁の主成分（セルロース）となる。
無機塩類の働き	多くは水に溶けてイオンの状態で存在し，体液の濃度やpHの調節に働いたり，生体を構成する物質の成分となったりする。
核酸の働き	核に多く存在する物質であり，DNAとRNAに大別される。DNAは遺伝子の本体であり，RNAは遺伝子の発現に関わる。

1-6　単細胞生物と多細胞生物

1　ゾウリムシやミドリムシのように，からだが1個の細胞からなる生物を<u>単細胞生物</u>という。単細胞生物は1つの細胞でさまざまな生命活動を行うため，内部に特殊な構造が発達している場合が多い。

2　ヒトや他の多くの動植物のように，からだが多数の細胞からなる生物を<u>多細胞生物</u>という。

3　多細胞生物では，個々の細胞が特定の働きをもつように分化し，同じような働きをもつ細胞が集まって組織を，組織が集まってまとまった働きをする器官を形成している[*6]。

[*6]　植物では関連のあるいくつかの組織が集まって組織系を，動物では関連のあるいくつかの器官が集まって器官系（循環系，神経系など）を形成している。

1-7　動植物の組織

1 動物の組織は，4つに区別される。

上皮組織	からだの外表面や，消化管・血管などの内表面を覆う。
	例：皮膚の上皮，小腸の上皮，分泌腺
結合組織	組織や器官どうしを結合または支持する。
	例：骨組織（硬骨組織），軟骨組織，血液，繊維性結合組織，脂肪組織
筋組織	筋繊維（筋細胞）からなり，筋肉をつくる。
	例：骨格筋，心筋，内臓筋
神経組織	神経細胞（ニューロン）などからなり，シグナル伝達（情報伝達）に働く。
	例：脳，脊髄，感覚神経，運動神経，交感神経，副交感神経

2 植物の組織は，分裂組織[*7]と分化した細胞からなる組織に大別される。また，後者は3つの組織系に区別される。

表皮系	一層の表皮細胞からなる。一般に葉緑体をもたない。
	例：表皮細胞（体表を保護する），根毛（表皮細胞が変形したもの）
維管束系	水分や養分の通路となる。
	例：木部…道管・仮道管（水や無機塩類の通路となる） 　　師部…師管（光合成産物などの有機物の通路となる）
基本組織系	表皮系や維管束系を除いた組織。
	例：柔組織…海綿状組織・さく状組織など（光合成を行う） 　　機械組織…厚壁組織・厚角組織など（植物体を支持する）

1-8　光学顕微鏡と電子顕微鏡

1 顕微鏡には，**光学顕微鏡**と**電子顕微鏡**[*8]がある。接近した2点を見分けることのできる最小の間隔を分解能といい，電子顕微鏡は分解能が高いために，より微細な構造まで観察することができる。

種類	特徴	分解能
光学顕微鏡	2枚（以上）の凸レンズ（接眼レンズ・対物レンズ）を用いる。	約 $0.2\,\mu m$
電子顕微鏡	可視光線（ヒトの目が受容できる光）よりも波長の短い電子線を用いる。	約 $0.2\,nm$

*7　茎頂（茎の先端）の分裂組織を茎頂分裂組織，根端（根の先端）の分裂組織を根端分裂組織といい，あわせて頂端分裂組織という。

*8　電子顕微鏡は，1930年代前半にルスカによって発明された。

1-9　いろいろな細胞などの大きさ

1　細胞などの大きさはさまざまである。肉眼[*9]，光学顕微鏡，電子顕微鏡の分解能を踏まえ，それぞれで観察できる代表例を押さえておこう。

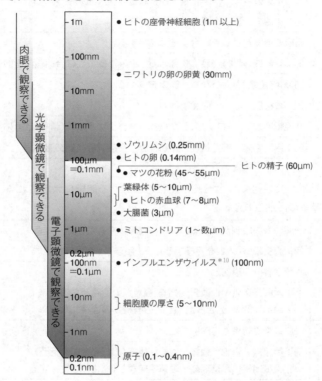

[*9]　肉眼の分解能は約 0.1 mm である。

[*10]　ただし，ウイルスは殻の中に遺伝物質を包んだような構造をしているだけであり，細胞ではない。

1-10 ミクロメーター

1 光学顕微鏡の倍率[11] は次式で求められる。

> 光学顕微鏡の倍率＝対物レンズの倍率×接眼レンズの倍率

2 光学顕微鏡で観察を行う際に，試料の長さを測定するには**ミクロメーター**を用いる。ミクロメーターには，**接眼ミクロメーター**と**対物ミクロメーター**がある。

接眼ミクロメーター	中央に等間隔の目盛りが刻まれている。
対物ミクロメーター	スライドガラスのように薄いガラス板で，中央に 1 目盛り 10 µm（＝ 0.01 mm）の目盛りが刻まれているものがよく使われる。

接眼ミクロメーター　　　　　**対物ミクロメーター**

3 【ミクロメーターの使い方】

① 接眼ミクロメーターを接眼レンズ内に，対物ミクロメーターをステージにセットする。

② 接眼レンズを回して両ミクロメーターの目盛りを平行に並べ，目盛りが一致する 2 カ所を探す。このとき，対物ミクロメーターの目盛りが実際の長さを示しているので，接眼ミクロメーター 1 目盛りが何 µm に相当するかは次式で求められる。

> 接眼ミクロメーター 1 目盛り〔µm〕＝ $\dfrac{\text{対物ミクロメーターの目盛りの数} \times 10 \text{〔µm〕}}{\text{接眼ミクロメーターの目盛りの数}}$

③ たとえば，右図の場合，目盛りが一致しているのは ab 間で，接眼ミクロメーターは 2 目盛り，対物ミクロメーターは 5 目盛りである。このとき，接眼ミクロメーター 1 目盛りの長さは次のようになる。

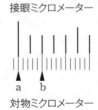

接眼ミクロメーター

対物ミクロメーター

$$\frac{5 \text{〔目盛り〕} \times 10 \text{〔µm〕}}{2 \text{〔目盛り〕}} = 25 \text{〔µm〕}$$

④ 同じ倍率[12] でゾウリムシを観察したとき，その体長が接眼ミクロメーターで 10 目盛りだったとすると，このゾウリムシの体長は次のようになる。

$$25 \text{〔µm〕} \times 10 \text{〔目盛り〕} = 250 \text{〔µm〕}$$

---

[11] 観察に用いるレンズを高倍率にすると，視野の明るさは暗く，視野の広さは狭く，焦点深度（ピントの合う範囲）は狭く（浅く）なる。

[12] 倍率を変えた場合，接眼ミクロメーター 1 目盛りが相当する長さは変化する。そのため，再び対物ミクロメーターをセットして，接眼ミクロメーター 1 目盛りが相当する長さを求め直す。

1 細胞に関する下の問いに答えよ。

☑ **問1** 細胞に関する記述として最も適当なものを，次の①〜④のうちから一つ選べ。
① アメーバを，核を含む部分と含まない部分に分けて培養すると，それぞれが餌を食べて成長し，増殖する。
② 真核細胞の核の内部には，DNA とタンパク質からなる染色体があり，染色体のまわりは細胞液で満たされている。
③ ミトコンドリアは細胞活動のためのエネルギーを取り出す細胞小器官である。
④ ミトコンドリアは肝臓の細胞に多く存在し，水分の調節に関係する。

頻出!
☑ **問2** 次の細胞の構造体に関する記述ⓐ〜ⓒのうち，正しいものの組合せとして最も適当なものを，下の①〜⑦のうちから一つ選べ。
ⓐ 液胞は，糖や無機塩類などを含む液で満たされている。
ⓑ 細菌には液胞はあるが，ミトコンドリアはない。
ⓒ 動物細胞には光合成を行う細胞小器官がある。

① ⓐ 　　② ⓑ 　　③ ⓒ 　　④ ⓐ，ⓑ
⑤ ⓐ，ⓒ 　　⑥ ⓑ，ⓒ 　　⑦ ⓐ，ⓑ，ⓒ

☑ **問3** 顕微鏡に接眼レンズをつけ，10 倍と 40 倍の同じ型の対物レンズでプレパラートを観察したとき，二つの対物レンズを比較した記述として最も適当なものはどれか。次の①〜④のうちから一つ選べ。
① 40 倍の対物レンズの方が，10 倍のものよりも，試料が明るく見える。
② プレパラートを動かさないで観察できる範囲は，対物レンズの倍率を変えても，変わらない。
③ プレパラートに焦点が合ったとき，40 倍の対物レンズの方が対物レンズとプレパラートの間の距離が短い。
④ プレパラートを右に動かすと，顕微鏡の像は，10 倍では左に，40 倍では右に移動する。

💡**考察** ◇◇

2 細胞の働きを詳しく調べるために，細胞小器官を取り出す実験を行った。まず，植物組織をすりつぶして細胞破砕液をつくり，この液を遠心分離機にかけた。初めは低速で遠心分離を行い，沈殿物を取り除いたのち，徐々に高速で遠心分離した。遠心力を段階的に大きくすると，体積や重さの大きい細胞小器官から小さい細胞小器官までを順に分離することができる。このような手順で，細胞小器官の分離を行うと，図1に示したような，沈殿1～3，上澄み1～3が得られた。

 沈殿1～3と上澄み3のDNA量を調べたところ，沈殿1が最も多く，沈殿2と沈殿3には少量存在していたが，上澄み3には見られなかった。各沈殿には，それぞれ1種類の細胞小器官が含まれており，また，ミトコンドリアは葉緑体よりもその体積や重さが小さいことが知られている。

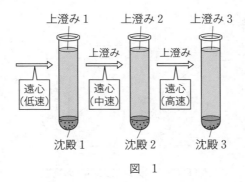

図 1

問1 図1に関する記述として適当なものを，次の①～⑥のうちから二つ選べ。ただし，解答の順序は問わない。

① 沈殿1の構造物には，さまざまな種類の酵素が含まれており，物質の合成や分解などの化学反応に役立っている。

② 沈殿1の構造物は，大腸菌や乳酸菌では見られない。

③ 沈殿2の構造物は，光エネルギーを用いて酸素と水から炭水化物などの有機物を合成する働きをもつ。

④ 沈殿2には，アントシアンなどの色素が含まれ，それが花などの色のもとになっている。

⑤ 上澄み2には，活発に活動している細胞に多く見られ，有機物からATPの形でエネルギーを取り出す構造物が見られる。

⑥ 沈殿3の構造物は，緑色をしている。

2 代謝

📖 赤シートCHECK✏

☑ **2-1** CHECK

・同化…簡単な物質から複雑な物質を合成する反応。エネルギーを吸収する。

・異化…複雑な物質を簡単な物質へ分解する反応。エネルギーを放出する。

☑ **2-2** CHECK

・独立栄養生物…外界から取り入れた無機物から有機物を合成して生活する生物。

・従属栄養生物…独立栄養生物が合成した有機物を取り入れて生活する生物。

☑ **2-3** CHECK

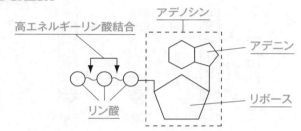

ATP（アデノシン三リン酸）の構造

☑ **2-4** CHECK

・酵素…化学反応の前後でそれ自身は変化せず，微量で化学反応を促進する触媒のうち，生体内で働くもの。特定の基質に作用する（基質特異性）。

☑ **2-5** CHECK

・光合成の全体の反応は次のような式で表される。

二酸化炭素　＋　水　＋　光エネルギー　⟶　有機物　＋　酸素

☑ **2-6** CHECK

・呼吸の全体の反応は次のような式で表される。

有機物　＋　酸素　⟶　二酸化炭素　＋　水　＋　エネルギー

2-1 代謝

1 生体内の化学反応を<u>代謝</u>といい，<u>同化</u>と<u>異化</u>に分けられる。代謝は酵素の存在下で進行することが多い。

同化	・簡単な物質から複雑な物質を合成する反応。 ・エネルギーを<u>吸収</u>する。
	例：炭酸同化[*1]，消化・吸収した物質からからだを作る物質を合成すること[*2]
異化	・複雑な物質を簡単な物質へ分解する反応。 ・エネルギーを<u>放出</u>する。
	例：呼吸

2-2 独立栄養生物と従属栄養生物

1 生物は，有機物をどのように手に入れるかによって，<u>独立栄養生物</u>と<u>従属栄養生物</u>に分けられる。

独立栄養生物	<u>無機物</u>から<u>有機物</u>を合成でき，他の生物を捕食せずに生育できる生物。
	例：植物，シアノバクテリア
従属栄養生物	無機物から有機物を合成できず，他の生物を捕食・分解して体外から有機物を取り入れないと生育できない生物。
	例：動物，菌類

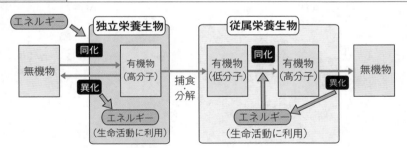

[*1] 光合成は，独立栄養生物が光エネルギーを用いて行う炭酸同化である。

[*2] 従属栄養生物は，消化・吸収によって有機物から得たグルコース(ブドウ糖)やアミノ酸などから，炭水化物やタンパク質などの複雑な物質を合成する同化を行う。

2-3 ATP

1　生体内でエネルギーの受け渡しの役割を担うのは <u>ATP</u> (アデノシン三リン酸)である。ATP はすべての生物が共通に用いる物質であり，**「エネルギーの通貨」** ともよばれる。

2　ATP は，<u>アデニン</u>(塩基)に<u>リボース</u>(糖)が結合した<u>アデノシン</u>に，<u>リン酸</u>が <u>3</u> つ結合したものである。ATP のリン酸どうしの結合は<u>高エネルギーリン酸結合</u>とよばれる。

3　生物は，異化によって放出されたエネルギーを，高エネルギーリン酸結合の形でATP に蓄える。

4　高エネルギーリン酸結合が切れ，<u>ADP</u> (アデノシン二リン酸)と<u>リン酸</u>に分解されるとき，多量のエネルギーが放出される。生物は必要に応じてエネルギーを取り出し，物質の合成・筋収縮(運動)・発光・発電など，さまざまな生命活動に利用している。

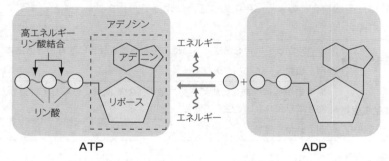

2-4　酵素

1　化学反応の前後でそれ自身は変化せず，微量で化学反応を促進する物質を触媒という。触媒には，無機物からなる**無機触媒**と生体内で働く**生体触媒**があり，生体触媒は酵素ともよばれる。酵素の本体はタンパク質であり，細胞内でつくられる。

2　酵素が作用する物質を基質という。酵素には，基質特異性があり，特定の物質のみに作用し，一定の反応を促進する。

3　【酵素の例】

① カタラーゼ*3：過酸化水素 ⟶ 酸素＋水　($2H_2O_2 \longrightarrow O_2 + 2H_2O$)

② セルラーゼ：セルロース ⟶ グルコース

③ ヒトの消化酵素の例を次に示す。

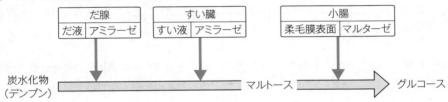

だ腺	すい臓	小腸
だ液	アミラーゼ	すい液	アミラーゼ	柔毛膜表面	マルターゼ

炭水化物（デンプン） → マルトース → グルコース

4　生体内には，異なる働きをもつ多様な酵素が存在しており，多くの酵素は，細胞内の特定の場所で，その場所特有の反応に関わっている。たとえば，核には DNA の合成に関係する酵素，ミトコンドリアには呼吸に関係する酵素，葉緑体には光合成に関係する酵素，細胞外（消化管内）には消化に関係する酵素が存在する。

---

*3　カタラーゼは，無機触媒の酸化マンガン（Ⅳ）（二酸化マンガン）と同様の触媒作用を示す。

2-5　光合成

１　同化のうち，無機物[*4]である二酸化炭素を取り入れて，炭水化物などの有機物[*5]を合成する反応を<u>炭酸同化</u>という。このうち，光エネルギーを用いる場合を<u>光合成</u>という。光合成によって，光エネルギーは化学エネルギーに変換され，合成された有機物中に蓄えられる。

２　光合成の全体の反応は次のような式で表される。

$$\underset{(CO_2)}{二酸化炭素} \;+\; \underset{(H_2O)}{水} \;+\; 光エネルギー \;\longrightarrow\; \underset{(C_6H_{12}O_6)^{*6}}{有機物} \;+\; \underset{(O_2)}{酸素}$$

３　光合成は次の 2 段階の反応からなる。

①　吸収した光エネルギーを用いて水を分解し，ADP とリン酸から <u>ATP</u> を合成する反応。このとき<u>酸素</u>が生じる。

②　合成された ATP を用いて，複数の酵素の働きにより<u>二酸化炭素</u>から有機物を合成する反応。

４　真核生物は<u>葉緑体</u>で光合成を行う。シアノバクテリアなどの原核生物も光合成を行うが，原核生物は葉緑体をもたないため，細胞内の特定の場所で光合成を行う。

５　光合成によって合成された有機物は，一時的に葉緑体内にデンプンとして蓄えられた後，スクロース(ショ糖)などに分解され，師管を通って植物の各部位に運ばれる。植物の各部位に運ばれた有機物は，成長に利用されたり，呼吸によって消費されたりする。

[*4]　無機物とは，炭素を含まない化合物と，二酸化炭素などの簡単な炭素化合物の総称である。

[*5]　有機物とは，炭素を含む化合物のうち，二酸化炭素などの簡単な炭素化合物を除いたものの総称である。

[*6]　実際には，グルコース($C_6H_{12}O_6$)が多数結合したデンプンや，スクロースが合成される。

2-6　呼吸

1　代表的な異化である呼吸は，外呼吸と細胞呼吸に分けられる。

外呼吸	呼吸器(肺・えらなど)から外界の酸素を吸収し，二酸化炭素を放出する働き。
細胞呼吸 (呼吸)	細胞内で酸素を用いて有機物を分解し，このとき生じたエネルギーを用いて ATP を合成する働き。

2　呼吸(細胞呼吸)において分解される出発物質を呼吸基質といい，グルコースなどの炭水化物(糖類)の他，タンパク質，脂肪が挙げられる。

3　呼吸基質としてグルコース($C_6H_{12}O_6$)を用いた場合，呼吸の全体の反応は次のような式で表される。

$$\underset{(C_6H_{12}O_6)}{有機物} \ + \ \underset{(O_2)}{酸素} \ \longrightarrow \ \underset{(CO_2)}{二酸化炭素} \ + \ \underset{(H_2O)}{水} \ + \ \underset{(ATP)}{エネルギー}$$

4　真核生物は細胞質基質とミトコンドリアで呼吸を行う。原核生物も呼吸を行うが，原核生物はミトコンドリアをもたないため，細胞質基質などで呼吸を行う。

5　呼吸と燃焼は，酸素を用いて有機物を分解するという点やエネルギーが放出されるという点では，本質的に同じ現象である。しかし，次の点が異なる。
①　燃焼では，有機物の分解反応が急激に進む。また，分解によって放出されたエネルギーの大部分が熱や光となる。

②　呼吸では，複数の酵素の働きにより，有機物の分解反応が段階的に進む。また，分解によって放出されたエネルギーの一部が ATP に蓄えられる。

標準マスター

目標時間
15分

1 代謝に関する下の問いに答えよ。

☑ **問1** 酵素の一般的な性質に関する記述として**誤っているもの**を，次の①〜④のうちから一つ選べ。

① 酵素は一般に反応の前後で変化せず，何回も反応に用いられる。
② 酵素の種類によって作用を受ける物質が異なる。
③ すべての酵素は細胞内で働く。
④ 酵素の本体はタンパク質である。

頻出!

☑ **問2** ヒトの組織では，多量のグルコースがエネルギー源として消費され，ATP が合成される。このことに関する記述として**誤っているもの**を，次の①〜⑥のうちから一つ選べ。

① グルコースをエネルギー源として ATP が生成される過程では酵素が働く。
② ATP が ADP に変化するときエネルギーが生じる。
③ ATP のエネルギーは運動，発熱などに使われるが，化合物の合成には使われない。
④ ATP のエネルギーを生成する過程で，グルコースは最終的に二酸化炭素と水になる。
⑤ ATP 合成の場としてミトコンドリアは重要な役割をもつ。
⑥ ATP は，アデニンとリボースが結合したアデノシンに，リン酸3個が直列に結合した化合物である。

🔍考察 ◇◇

2　レンとサナは，農作物の安定した生産を守る工夫について議論を行った。

サ　ナ：最近，極端な気象条件など，農作物の安定した生産をおびやかす出来事がたく
　　　　さん起こっているね。

レ　ン：農作物の安定した生産を目指すための方法の一つに，植物工場があるよ。環境
　　　　要因を高度に制御するシステムを備えて，外気と完全に遮断された室内で野菜
　　　　を育てるんだ。

サ　ナ：おもしろい試みだね！　インターネットで詳しく調べてみよう。

レ　ン：ガスを用いた火力発電所に併設して，発電で生じる電気・排熱・排気ガスを効
　　　　率的に利用した植物工場もあるみたい。(a)電気・排熱・排気ガスはどのような
　　　　環境要因を制御することで光合成を促進させているのだろう？

問1　下線部(a)に示されたレンの疑問への答として**適当でないもの**を，次の①〜⑤のう
ちから二つ選べ。ただし，解答の順序は問わない。

①　電気を用いて，環境中の窒素濃度を高めることで，植物が有機物からエネルギー
を効率よく取り出せるようになる。

②　電気を用いて照明の明るさを調節することで，植物が有機物にエネルギーを効率
よく蓄積できるようになる。

③　排熱によって，環境中の温度を変化させ，植物の生育に適切な温度を保つことが
できる。

④　排気ガスは酸素を多く含むため，植物が有機物からエネルギーを効率よく取り出
せるようになる。

⑤　排気ガスは二酸化炭素を多く含むため，植物が有機物にエネルギーを効率よく蓄
積できるようになる。

3　遺伝子の本体

赤シートCHECK

☑ **3-1** CHECK

・形質…生物がもつ形や性質などの特徴。
・遺伝…親の形質が，子やそれ以降の世代へと受け継がれる現象。
・遺伝子…遺伝する形質を決定する因子。本体は DNA である。
・染色体…DNA とタンパク質からなり，真核細胞では核内に存在する。
・ゲノム…生物が生命活動を営むのに必要な最小限の遺伝情報。

☑ **3-2** CHECK

・ヌクレオチド…多数鎖状に結合して核酸を構成する。糖，塩基，リン酸が結合したもの。

	糖	塩基
DNA	デオキシリボース	アデニン(A)，チミン(T)，グアニン(G)，シトシン(C)
RNA	リボース	アデニン(A)，ウラシル(U)，グアニン(G)，シトシン(C)

☑ **3-3** **3-4** CHECK

・二重らせん構造…DNA の立体構造。2 本のヌクレオチド鎖が塩基どうしでゆるく結合し，全体にねじれてらせん状になっている。
・相補性…塩基の A と T および G と C がそれぞれ結合するという対応関係。
・塩基対…相補性に従って結合した 2 つの塩基。
・塩基配列…塩基の並び方。遺伝子のもつ遺伝情報を決めている。
・半保存的複製…1 本のヌクレオチド鎖を鋳型にして，新しいもう 1 本のヌクレオチド鎖が複製されること。

☑ **3-4** **3-6** **3-7** **3-8** CHECK

・メセルソンとスタール…DNA 中の N をすべて ^{15}N に置き換えた大腸菌を用いて実験を行い，DNA の半保存的複製を証明した。
・メンデル…エンドウを用いて交配実験を行い，遺伝における法則性を見出した。
・グリフィス…肺炎双球菌を用いて実験を行い，形質転換を発見した。
・エイブリー…肺炎双球菌を用いて実験を行い，形質転換の原因物質が DNA であると考えた。
・ハーシーとチェイス…T$_2$ ファージを用いて実験を行い，遺伝子の本体が DNA であることを証明した。

3-1 遺伝子，DNA，染色体，ゲノムの関係

1 生物がもつ形や性質などの特徴を<u>形質</u>という[*1]。

2 親の形質が，子やそれ以降の世代へと受け継がれる現象を<u>遺伝</u>という。

3 遺伝する形質を決定する因子を<u>遺伝子</u>という。遺伝子の本体は <u>**DNA**</u>（デオキシリボ核酸）である。遺伝子の本体が DNA であることは，グリフィス，エイブリー，ハーシー，チェイスらの実験によって明らかにされた。

4 真核細胞の核内において，DNA は<u>タンパク質</u>とともに<u>染色体</u>を形成している。また，真核細胞の体細胞には，互いに形や大きさの等しい染色体が 2 本ずつ対になって含まれている。この対になっている染色体を<u>相同染色体</u>という。

5 体細胞に含まれる 1 対の相同染色体は，卵や精子などの配偶子[*2]を形成する際に 1 本ずつに分かれ，受精によって再び対になる。配偶子には，その生物が生命活動を営むのに必要な最小限の遺伝情報（<u>ゲノム</u>）が存在する。

6 遺伝子，DNA，染色体，ゲノムの関係を次に整理する。

① 体細胞にはゲノムが 2 セット含まれる。

② 配偶子にはゲノムが 1 セット含まれる。

③ ゲノムを構成する染色体は，DNA とタンパク質からなる。

④ DNA 上の特定の領域が遺伝子として機能する。

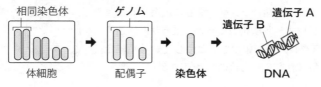

---

*1 植物の場合，花，葉，種子の色や形などが形質にあたる。

*2 配偶子とは，卵や精子のように合体して新個体を生じる細胞である。

3-2　DNAの構成単位

1　遺伝子の本体である DNA，遺伝子の発現に関わる RNA を総称して<u>核酸</u>という。核酸は，<u>ヌクレオチド</u>とよばれる構造が，多数鎖状に結合した分子である。

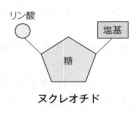

リン酸　塩基　糖

ヌクレオチド

2　ヌクレオチドは，<u>糖</u>，<u>塩基</u>，<u>リン酸</u>が結合したものである。DNA と RNA のヌクレオチドでは，糖と一部の塩基が異なる。

3　DNA を構成するヌクレオチドは，糖が<u>デオキシリボース</u>であり，塩基は<u>アデニン（A）</u>，<u>チミン（T）</u>，<u>グアニン（G）</u>，<u>シトシン（C）</u>の4種類である。

4　RNA を構成するヌクレオチドは，糖が<u>リボース</u>であり，塩基は<u>アデニン（A）</u>，<u>ウラシル（U）</u>，<u>グアニン（G）</u>，<u>シトシン（C）</u>の4種類である[3]。

3-3　DNAの構造

1　1949年，シャルガフは DNA の塩基組成を分析し，A と T の数の割合が等しく，G と C の数の割合も等しいことを発見した（シャルガフの規則）。1952年，ウィルキンスとフランクリンは，DNA がらせん状の構造をとることを，X 線を用いて発見した。

2　こうした発見をもとに，1953年，ワトソンとクリックは，DNA の立体構造モデルとして<u>二重らせん構造</u>を提唱した。

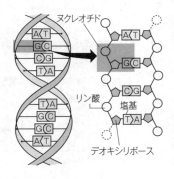

ヌクレオチド

リン酸　塩基

デオキシリボース

3　ヌクレオチドは，糖とリン酸が交互に結合することで1本のヌクレオチド鎖をつくる。二重らせん構造では，2本のヌクレオチド鎖が<u>塩基</u>どうしでゆるく結合し，全体にねじれてらせん状になっている。

4　シャルガフの規則が成立する理由は，<u>A と T および G と C</u> がそれぞれ結合するからである。この対応関係を<u>相補性</u>といい，相補性に従って結合した2つの塩基を<u>塩基対</u>という。一方のヌクレオチド鎖の塩基の並び方（<u>塩基配列</u>）が決まると，相補性によってもう一方のヌクレオチド鎖の塩基配列も決まる。

＊3　ATP もヌクレオチドの一種であり，リボースにアデニンと3つのリン酸が結合している。

3-4　DNAの複製

1　DNAの複製では，もとの1本のヌクレオチド鎖を鋳型にして，新しいもう1本のヌクレオチド鎖が塩基の相補性に従って合成され，2本のヌクレオチド鎖となる。このような複製の方法を<u>半保存的複製</u>とよぶ。

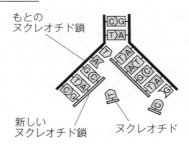

もとの
ヌクレオチド鎖

新しい
ヌクレオチド鎖　　ヌクレオチド

2　メセルソンとスタールは，DNA中の窒素(N)をすべて ^{14}N よりも重い ^{15}N に置き換えた大腸菌を，窒素源として ^{14}N のみを含む培地に移して培養し，分裂させた。すると，1回目の複製では ^{15}N と ^{14}N の中間の重さをもった DNA が複製され，2回目の複製では ^{15}N と ^{14}N の中間の重さを持った DNA と，^{14}N だけの軽い DNA が複製された。これらの実験結果より，DNAの複製では，2本のヌクレオチド鎖のうち1本を鋳型に，新しいもう1本のヌクレオチド鎖が複製されるという，<u>半保存的複製</u>を行うことが証明された。

3-5　遺伝子とゲノム

1　遺伝子のもつ遺伝情報はDNAの<u>塩基配列</u>によって決められている。

2　真核生物の場合，遺伝子はゲノムを構成するDNAのごく一部である。そのため，ゲノムに含まれる塩基対数が多くても，遺伝子数が多いとは限らない。一方，原核生物の場合，DNAの中に遺伝子として働かない部分はあまりみられない。

生物名	ゲノムの塩基対数	遺伝子数	生物名	ゲノムの塩基対数	遺伝子数
大腸菌	約460万	約0.42万	**イネ**	約3億7000万	約4.2万
酵母	約1200万	約0.60万	**シロイヌナズナ**	約1億4000万	約2.7万
線虫	約1億	約2.0万	**ヒト**	約31億	約2.0万
ショウジョウバエ	約1億4000万	約1.4万	**マウス**	約27億	約2.3万

3-6　グリフィスの実験

1 　肺炎の原因となる細菌の一種である肺炎双球菌には，病原性の S 型菌と非病原性の R 型菌がある*4。

実験1
S型菌　注射　発病した

2 　グリフィスは肺炎双球菌を用いて次の実験を行った。

実験1	S 型菌をマウスに注射したところ，マウスは発病した。
実験2	R 型菌をマウスに注射したところ，マウスは発病しなかった。
実験3	加熱殺菌した S 型菌をマウスに注射したところ，マウスは発病しなかった。
実験4	加熱殺菌した S 型菌と生きた R 型菌をマウスに注射したところ，マウスは発病した。また，マウスの体内からは，生きた S 型菌が検出された。

実験2
R型菌　注射　発病しなかった

実験3
加熱殺菌したS型菌　注射　発病しなかった

実験4
＋　注射　発病した

R型菌がS型菌に形質転換した

3 　グリフィスは，加熱殺菌した S 型菌に含まれる何らかの物質が R 型菌に取り込まれ，R 型菌が S 型菌に変化したと考えた。このような現象を形質転換という。

3-7　エイブリーらの実験

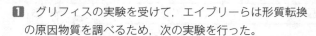

1 　グリフィスの実験を受けて，エイブリーらは形質転換の原因物質を調べるため，次の実験を行った。

実験1	S 型菌の抽出液を R 型菌の培養液に添加したところ，形質転換が起こって S 型菌が生じた。
実験2	S 型菌の抽出液をタンパク質分解酵素で処理（＝タンパク質を分解）して R 型菌の培養液に添加したところ，形質転換が起こって S 型菌が生じた。
実験3	S 型菌の抽出液を DNA 分解酵素で処理（＝ DNA を分解）して R 型菌の培養液に添加したところ，形質転換が起こらず S 型菌が生じなかった。

実験1
R型菌　S型菌
S型菌抽出液
＋
R型菌培養液　培養　形質転換した

実験2
S型菌抽出液
＋
タンパク質分解酵素
＋
R型菌培養液　培養　形質転換した

実験3
S型菌抽出液
＋
DNA分解酵素
＋
R型菌培養液　培養　形質転換しなかった

2 　エイブリーらは，DNA を分解すると形質転換が起こらなかったことから，形質転換の原因物質は **DNA** であると考えた。

---

*4 　S 型菌は糖類でできた鞘をもつ。しかし，R 型菌は鞘をもたない。

3-8　ハーシーとチェイスの実験

1　バクテリオファージは，細菌に感染するウイルスであ
り，頭部の DNA がタンパク質の殻で覆われた構造をし
ている。バクテリオファージの一種である T_2 ファージ
は，大腸菌の菌体内に DNA を注入し，増殖する。やが
て，増殖した多数の T_2 ファージは菌体を破って外に出る。

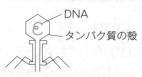

バクテリオファージ

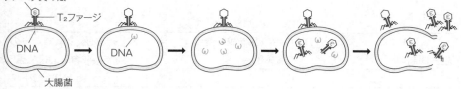

2　ハーシーとチェイスは，T_2 ファージが大腸菌の菌体内に注入する遺伝物質が DNA
であるのかタンパク質であるのかを調べるため，次の実験を行った。

手順1	放射性物質を用いてタンパク質を標識した T_2 ファージと DNA を標識した T_2 ファージを用意し，別々に大腸菌に感染させた。
手順2	大腸菌を含む溶液を激しく撹拌し，T_2 ファージをはずした。その後，遠心分離によって，T_2 ファージの遺伝物質が注入された大腸菌を沈殿させた。
手順3	沈殿からは T_2 ファージの DNA が，上澄みからは T_2 ファージのタンパク質が検出された。

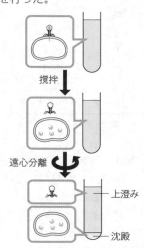

3　ハーシーとチェイスは，大腸菌の菌体内に注入された
遺伝物質が <u>DNA</u> であることから，<u>遺伝子の本体が</u>
<u>DNA</u> であることを証明した。

 **標準マスター**

考察 ∞∞∞

1 遺伝子の本体である DNA は通常, 二重らせん構造をとっている。しかし, 例外的ではあるが, 1 本鎖の構造をもつ DNA も存在する。以下の表 1 は, いろいろな生物材料の DNA を解析し, 構成要素(構成単位)である A, G, C, T の数の割合(%)と細胞 1 個あたりの平均の DNA 量を比較したものである。

表　1

生物材料	DNA 中の各構成要素の 数の割合(%)				細胞 1 個あたりの 平均の DNA 量 $(\times 10^{-12}\,g)$
	A	G	C	T	
a	26.6	23.1	22.9	27.4	95.1
b	27.3	22.7	22.8	27.2	34.7
c	28.9	21.0	21.1	29.0	6.4
d	28.7	22.1	22.0	27.2	3.3
e	32.8	17.7	17.3	32.2	1.8
f	29.7	20.8	20.4	29.1	－
g	24.4	24.7	18.4	32.5	－
h	24.7	26.0	25.7	23.6	－
i	15.1	34.9	35.4	14.6	－

－：データなし

☑ **問1** 解析した 9 種類の生物材料(a～i)の中に, 1 本鎖の構造の DNA をもつものが一つ含まれている。最も適当なものを, 次の ①～⑨ のうちから一つ選べ。
　　① a　　② b　　③ c　　④ d　　⑤ e
　　⑥ f　　⑦ g　　⑧ h　　⑨ i

☑ **問2** 細胞 1 個あたりの DNA 量が記されている生物材料(a～e)の中に, 同じ生物の肝臓に由来したものと精子に由来したものがそれぞれ一つずつ含まれている。この生物の精子に由来したものとして最も適当なものを, 次の ①～⑤ のうちから一つ選べ。
　　① a　　② b　　③ c　　④ d　　⑤ e

問3 新しい DNA サンプルを解析したところ，T が G の 2 倍量含まれていた。この DNA の推定される A の割合として最も適当なものを，次の①〜⑥のうちから一つ選べ。ただし，この DNA は，二重らせん構造をとっている。

① 16.7%　　② 20.1%　　③ 25.0%　　④ 33.3%

⑤ 38.6%　　⑥ 40.2%

考察

2 大腸菌へのバクテリオファージ（ファージ）の感染実験（**実験1・実験2**）について，下の問いに答えよ。

実験1 ファージを大腸菌に感染させると，十数分後に大腸菌の中から多数の子ファージが生じた。

実験2 ファージは DNA とタンパク質のみから構成される。ファージの DNA を標識 X で，タンパク質を標識 Y で，それぞれ目印をつけ，大腸菌に感染させた。数分後に，大腸菌とファージに分けて調べたところ，大腸菌内には標識 X は検出されたが，標識 Y は検出されなかった。なお，標識 X と標識 Y は大腸菌やファージの生命活動によって分解されないことが知られている。

問1 次の記述 @〜© のうち，ファージの感染に関する**実験1・実験2**の記述として**誤っているもの**はどれか。それらを過不足なく含むものを，下の①〜⑦のうちから一つ選べ。

@ **実験1**と**実験2**の結果は，大腸菌がファージのタンパク質を呼吸によって分解し，利用することを示している。

ⓑ **実験2**の結果は，感染に用いたファージの DNA が大腸菌内に入ったことを示している。

© **実験1**と**実験2**の結果は，DNA が遺伝物質であることを示している。

① @　　　　② ⓑ　　　　③ ©　　　　④ @, ⓑ

⑤ @, ©　　⑥ ⓑ, ©　　⑦ @, ⓑ, ©

4　遺伝情報の分配

赤シートCHECK

☑ **4-1** CHECK

- 体細胞分裂…からだを構成する細胞(体細胞)が増えるときに行われる分裂。
- 細胞周期…細胞が分裂を終えてから次の分裂を終えるまで。大きく間期と分裂期 (M 期)に分けられる。
- 間期は DNA 合成準備期(G_1 期),DNA 合成期(S 期),分裂準備期(G_2 期)に,分裂期は前期,中期,後期,終期に分けられる。
- 分裂期では,初めに核分裂が,終期に細胞質分裂が起こる。
- 母細胞…分裂前の細胞。
- 娘細胞…分裂によって生じた細胞。

☑ **4-2** CHECK

- G_1 期の母細胞の DNA 量を 1 とすると,G_2 期の母細胞の DNA 量は 2,娘細胞の DNA 量は 1 である。

☑ **4-3** CHECK

- 固定…細胞を生きているときと近い状態に保ったまま生命活動を止めるために行う。
- 解離…細胞どうしを離れやすくするために行う。
- 染色…光学顕微鏡で観察しやすいように,構造体に色をつけるために行う。
- 押しつぶし…光学顕微鏡で観察しやすいように,重なった細胞を 1 層に広げるために行う。

☑ **4-4** CHECK

　　視野内のある時期の細胞数：視野内の全細胞数
　＝ある時期に要する時間：細胞周期 1 周に要する時間

4-1 細胞周期

1 多細胞生物を構成する多数の体細胞は，たった１つの受精卵が<u>体細胞分裂</u>[*1]を繰り返して増殖したものであり，基本的にどの細胞にも同じ遺伝情報が受け継がれている。

2 細胞が分裂を終えてから次の分裂を終えるまでは<u>細胞周期</u>とよばれ，大きく<u>間期</u>と<u>分裂期</u>（<u>M 期</u>）に分けられる。また，間期は <u>DNA 合成準備期</u>（<u>G_1 期</u>），<u>DNA 合成期</u>（<u>S 期</u>），<u>分裂準備期</u>（<u>G_2 期</u>）に，分裂期は<u>前期</u>，<u>中期</u>，<u>後期</u>，<u>終期</u>に分けられる。

間期	細胞が分裂を終えてから次の分裂が始まるまで。
G_1 期	DNA を複製する準備が行われる。
S 期	DNA の複製が行われ，DNA 量が 2 倍になる。
G_2 期	細胞分裂の準備が行われる。
分裂期	細胞分裂が行われる。
前期	染色体が凝縮して，太く短いひも状になる。核膜が消失する。
中期	染色体が細胞の中央（赤道面）に並ぶ。
後期	染色体が縦に裂けるように 2 つに分離し，細胞の両極へ移動する。
終期	細胞質が 2 つに分かれ始める。染色体がもとの状態に戻る（核全体に分散する）。核膜が出現する。

3 分裂期では，初めに<u>核分裂</u>が，終期に<u>細胞質分裂</u>が起こる。動物細胞では，赤道面に外側からくびれができて，植物細胞では，赤道面に**細胞板**が形成されて細胞質が二分される[*3]。また，分裂前の細胞を<u>母細胞</u>，分裂によって生じた細胞を<u>娘細胞</u>という。

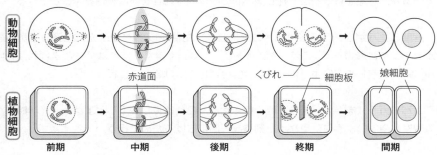

*1 体細胞分裂に対して，配偶子などの生殖に関わる細胞（生殖細胞）が生じるときに行われる分裂を**減数分裂**という。
*2 分化した細胞の中には，G_1 期から G_0 期（静止期）とよばれる休止状態に入り，細胞周期が停止してほとんど分裂しないものもある。また，G_0 期から G_1 期に戻る場合もある。
*3 植物細胞では，細胞板が成長することで，新しい細胞膜と細胞壁が生じる。

4-2　細胞周期における DNA 量の変化

1　DNA は間期(S 期)に複製された後，分裂期に二分される。そのため，体細胞分裂で生じた娘細胞の DNA 量は G_1 期の母細胞と同じになる。

2　G_1 期の母細胞の DNA 量を 1 とすると，G_2 期の母細胞の DNA 量は <u>2</u>[*4]，娘細胞の DNA 量は <u>1</u> である。

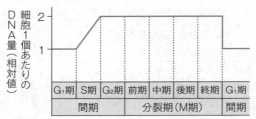

4-3　体細胞分裂の観察

1　タマネギの根端[*5]を用いた体細胞分裂の観察の手順を示す。

①　根端を先端から約 1〜2 cm のところで切り取り，45 % 酢酸[*6]に 5〜15 分間浸す。これは<u>固定</u>とよばれ，細胞を生きているときと近い状態に保ったまま生命活動を止めるために行う。

②　固定した根端を 60℃ くらいに温めた希塩酸に数十秒〜数分間浸す。これは<u>解離</u>とよばれ，細胞どうしを離れやすくするために行う。植物細胞は細胞壁どうしが固く接着しているが，解離を行うことで押しつぶしの際に細胞をきれいに広げることができる。

③　解離した根端をスライドガラスの上にとり，先端から 2〜3 mm だけを残して酢酸オルセインや酢酸カーミンを 1〜2 滴滴下し，しばらく置く。これは<u>染色</u>とよばれ，光学顕微鏡で観察しやすいように，核(染色体)に色をつけるために行う。

④　カバーガラスをかけ，上から軽く押さえる。これは<u>押しつぶし</u>とよばれ，光学顕微鏡で観察しやすいように，重なった細胞を 1 層に広げるために行う。

＊4　DNA の複製は一度に起こるわけではないため，S 期において DNA 量は徐々に増えていく。

＊5　根端には分裂組織が存在し，体細胞分裂が盛んである。そのため，観察に適している。

＊6　固定液には，45 % 酢酸の他に，カルノア液や 70 % エタノール，エタノール＋氷酢酸を 3 : 1 の割合で混合したものなどを用いる場合もある。

4-4　細胞周期各期の長さの算出法

1　細胞周期の長さは，生物や細胞の種類によって異なっている[*7]。これは一般に，G_1 期の長さの違いによる。また，間期は分裂期に比べて非常に多くの時間を要するものが多い。

2　ランダムに分裂しているある分裂組織の細胞では，間期が非常に長く，分裂期が非常に短いと仮定する。この組織をある時点で固定して観察すると，分裂期の細胞よりも間期の細胞の方が多く観察される。

3　よって，ある分裂組織を観察した場合に，分裂期よりも間期の細胞の方が多く観察されたとすると，分裂期よりも間期の方が長い，と考えることができる。

4　このように，観察された全細胞数に占めるある時期の細胞数の割合は，細胞周期1周に要する時間に占めるその時期に要する時間の割合に一致する。よって，次の式が成り立つ。

> 視野内のある時期の細胞数：視野内の全細胞数
> ＝ある時期に要する時間：細胞周期1周に要する時間

5　たとえば，ランダムに分裂しているある細胞の細胞周期1周に要する時間は25時間だとする。この細胞を観察したときに，間期，前期，中期，後期，終期の細胞数がそれぞれ400個，85個，8個，2個，5個だったとすると，間期に要する時間 x は次のように求められる。

$$400 : (400+85+8+2+5) = x : 25$$

$$\therefore \quad x = 25 \times \frac{400}{500} = 20 \text{〔時間〕}$$

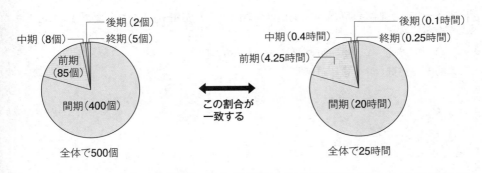

中期（8個）　後期（2個）
前期（85個）　終期（5個）
間期（400個）
全体で500個

この割合が一致する

中期（0.4時間）　後期（0.1時間）
前期（4.25時間）　終期（0.25時間）
間期（20時間）
全体で25時間

[*7]　たとえば，がん細胞は細胞周期の長さが短い。

標準マスター

💡考察 ◇◇◇

[1] 細胞が体細胞分裂をして，増殖しているとき，細胞は「分裂期」，「分裂期のあと次の DNA 合成（複製）開始までの時期」，「DNA 合成の時期」，および「DNA 合成のあと分裂期開始までの時期」の 4 つの時期を繰り返す。これを細胞周期という。

図 1 は，ある哺乳類の培養細胞の集団の増殖を示す。グラフから細胞周期の 1 回に要する時間 T が読み取れる。また，この培養細胞では，細胞周期のそれぞれの時期に要する時間 t は，次の式により計算できる。

$$t = T \times \frac{n}{N}$$

ただし，N は集団から試料として取った全細胞数，n は試料中のそれぞれの時期の細胞数である。

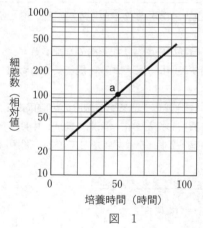

図 1

☑ **問1** 1 回の細胞周期に要する時間は何時間か。最も適当なものを，次の①〜⑤のうちから一つ選べ。

① 10 時間　　② 20 時間　　③ 30 時間

④ 40 時間　　⑤ 50 時間

☑ **問2** 図2は，図1の**a**の時点で6000個の細胞を採取して，細胞あたりのDNA量を測定した結果である。下の文章中の ア ～ ウ に入る図2中の記号として最も適当なものを，次の①～⑥のうちからそれぞれ一つずつ選べ。

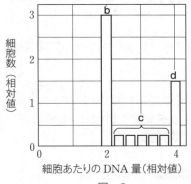

図 2

図2の棒グラフの ア はDNA合成の時期の細胞である。 イ は，DNA合成のあと分裂期開始までの時期と分裂期の両方の時期の細胞を含む。 ウ は分裂期のあと次のDNA合成開始までの時期の細胞である。

① b ② c ③ d ④ b+c ⑤ b+d ⑥ c+d

☑ **問3** 図2で，測定した6000個の細胞のうち，DNA合成の時期の細胞数は1500個であった。また，分裂期の細胞数は300個であり，2つの核をもつ細胞の数は計算上無視できる程度であった。この培養細胞における細胞周期のそれぞれの時期（「分裂期」，「分裂期のあと次のDNA合成開始までの時期」，「DNA合成の時期」）に要する時間として最も適当なものを，次の①～⓪のうちからそれぞれ一つずつ選べ。

① 12分 ② 30分 ③ 1時間 ④ 2時間 ⑤ 3時間
⑥ 4時間 ⑦ 5時間 ⑧ 10時間 ⑨ 14時間 ⓪ 18時間

5 遺伝子の発現

赤シートCHECK

☑ **5-1** CHECK
・タンパク質は，多数の<u>アミノ酸</u>がつながってできる分子である。

☑ **5-2** CHECK
・遺伝子の<u>発現</u>…DNA の遺伝情報に基づいてタンパク質が合成されること。
・<u>セントラルドグマ</u>…遺伝情報は「DNA → RNA →タンパク質」という一方向に流れていくという概念。

☑ **5-3** **5-4** **5-5** CHECK
・<u>転写</u>…DNA の遺伝情報（塩基配列）を RNA に写し取る過程。このとき，DNAの A には <u>U</u>，T には <u>A</u>，G には <u>C</u>，C には <u>G</u> をもつ RNA のヌクレオチドが結合する。
・<u>翻訳</u>…mRNA の塩基配列に基づいて<u>アミノ酸</u>が結合していき，タンパク質が合成される過程。mRNA の連続した <u>3</u> つの塩基配列が，<u>コドン</u>として 1 つのアミノ酸を指定する。

☑ **5-6** CHECK
・<u>分化</u>…体細胞分裂によって増殖した細胞が組織や器官を形成し，特定の形態や機能をもつようになること。
・<u>パフ</u>…だ腺染色体の膨らんだ部分。活発に<u>転写</u>が行われて <u>mRNA</u> が合成されている。

5-1　タンパク質とアミノ酸

1　タンパク質は，多数のアミノ酸がつながってできる分子である。タンパク質の種類（構造や性質）は**アミノ酸配列**（アミノ酸の種類・数・順序）によって決まる。

2　タンパク質は生体の主要な構成成分の1つであり，酵素やホルモン，抗体など非常に多くの種類が存在する。

5-2　セントラルドグマ

1　遺伝子が働くと，DNA の遺伝情報に基づいてタンパク質が合成される。これを遺伝子の発現という。

2　まず，DNA の塩基配列が RNA（リボ核酸）に写し取られる（**転写**）。そして，写し取られた RNA の塩基配列に基づいてタンパク質が合成される（**翻訳**）。

3　このように，遺伝情報は「DNA → RNA →タンパク質」という一方向に流れていくと考えることができる。この概念をセントラルドグマ[*1]という。

$$\boxed{\text{DNA}} \xrightarrow{\text{転写}} \boxed{\text{RNA}} \xrightarrow{\text{翻訳}} \boxed{\text{タンパク質}}$$

[*1]　1958 年にクリックによって提唱された。クリックは，DNA の二重らせん構造も提唱した。

5-3 転写

1 DNA の遺伝情報（塩基配列）を RNA に写し取る過程を<u>転写</u>という。

2 【転写の詳細】

① DNA の 2 本鎖の一部がほどける。

② DNA の一方のヌクレオチド鎖の塩基に対して，相補的な塩基（A には <u>U</u>，T には <u>A</u>，G には <u>C</u>，C には <u>G</u>）をもつ RNA のヌクレオチドが結合する。

③ 隣り合うヌクレオチドが連結されて，DNA の塩基配列を写し取った 1 本鎖の RNA ができる。

④ 転写された RNA は <u>mRNA</u>（伝令 RNA）とよばれる。mRNA は DNA の塩基配列の一部を写し取ったものであるため，DNA に比べて著しく短い。

5-4　翻訳

1　mRNA の塩基配列に基づいてアミノ酸が連結していき，タンパク質が合成される過程を翻訳という。

2　【翻訳の詳細】

①　mRNA の 3 つの塩基配列（**コドン**）ごとに，その配列に相補的な配列（**アンチコドン**）をもつ tRNA（転移 RNA，運搬 RNA）が結合する。

②　tRNA にはそれぞれ，アンチコドンの配列に対応したアミノ酸が結合している。tRNA によって運ばれてきたアミノ酸は，すでに結合したアミノ酸の配列の末尾のアミノ酸と結合する。

③　①②が繰り返されて，アミノ酸配列が伸び，タンパク質が合成される。

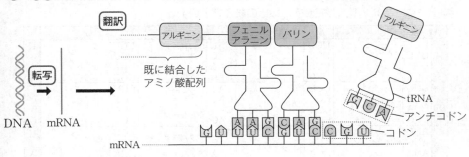

転写・翻訳の過程

5-5　コドン（遺伝暗号）

1　mRNA の塩基配列は 3 つで 1 つのアミノ酸を指定している。この 3 つの塩基配列（トリプレットという）を<u>コドン</u>という。コドンはアミノ酸配列の情報を記した「暗号」とみなすことができるので，遺伝暗号ともよばれる。

2　mRNA の配列と，アミノ酸の対応は実験によって調べられており，この対応関係を示した表を**コドン表（遺伝暗号表）**という。

3　4 種類の塩基 3 つからなるコドンは，4×4×4＝64 種類あり，そのうち 61 種類で 20 種類のアミノ酸を指定している。

4　翻訳の開始を指定する 1 種類の開始コドンと，翻訳の終了を指定する 3 種類の終止コドンがある。開始コドン（AUG）は，メチオニンを指定するコドンと共通である。終止コドンは，アミノ酸を指定せず，翻訳の終了を指定する。

① ②	U		C		A		G		③
U	UUU UUC	フェニルアラニン	UCU UCC UCA UCG	セリン	UAU UAC	チロシン	UGU UGC	システイン	U
									C
	UUA UUG	ロイシン			UAA UAG	終止コドン	UGA UGG	終止コドン トリプトファン	A G
C	CUU CUC CUA CUG	ロイシン	CCU CCC CCA CCG	プロリン	CAU CAC	ヒスチジン	CGU CGC CGA CGG	アルギニン	U C A G
					CAA CAG	グルタミン			
A	AUU AUC AUA	イソロイシン	ACU ACC ACA ACG	トレオニン	AAU AAC	アスパラギン	AGU AGC	セリン	U C A G
	AUG	メチオニン(開始コドン)			AAA AAG	リシン	AGA AGG	アルギニン	
G	GUU GUC GUA GUG	バリン	GCU GCC GCA GCG	アラニン	GAU GAC	アスパラギン酸	GGU GGC GGA GGG	グリシン	U C A G
					GAA GAG	グルタミン酸			

①…1番目の塩基　②…2番目の塩基　③…3番目の塩基

5-6　遺伝子の発現と分化

1　多細胞生物において，体細胞分裂によって増殖した細胞が組織や器官を形成し，特定の形態や機能をもつようになることを<u>分化</u>という。

2　受精卵にはすべての遺伝情報が含まれており，これは体細胞分裂を繰り返して増殖する中で正確に複製・分配される。そのため，<u>分化の進んだ細胞でも細胞内に含まれる遺伝情報（DNA）は基本的に受精卵と同じ</u>である。

3　分化の進んだ細胞がそれぞれ異なる形態や機能をもつのは，<u>細胞によって異なる遺伝子が発現している</u>からである。たとえば，筋細胞では，ミオシン遺伝子が発現しているが，アミラーゼ遺伝子やクリスタリン遺伝子は発現していない[*2]。

	筋細胞	だ腺細胞	眼の水晶体細胞
ミオシン遺伝子	○	×	×
アミラーゼ遺伝子	×	○	×
クリスタリン遺伝子	×	×	○

○…発現している，×…発現していない

4　ハエやユスリカなどの幼虫のだ腺細胞にある巨大な染色体（<u>だ腺染色体</u>）[*3]には，膨らんだ部分がみられる。これは<u>パフ</u>とよばれ，凝縮していた染色体の一部がほどけて広がった部分である。パフでは，活発に転写が行われて mRNA が合成されている。パフの存在は，発現している遺伝子と発現していない遺伝子があることを示している。

だ腺染色体

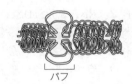

パフ

---

*2　ミオシンは筋肉の構成成分，アミラーゼは消化酵素の一種，クリスタリンは眼の水晶体の構成成分である。

*3　だ腺染色体を酢酸オルセインなどで染色すると，はっきりとした横じまを生じる。横じまの部分は DNA の密度が高い。

 **標準マスター**　　　　　目標時間 **20分**

用語

1　ショウジョウバエやユスリカの幼虫のだ腺の細胞には，ふつうの体細胞染色体の約200倍の大きさがある巨大な染色体がみられる。この染色体には，パフとよばれる膨みの部分がしばしば観察される。ウラシルを含む化合物を幼虫に与えると，ウラシルはパフの部分に取り込まれることが知られている。

☑　**問1**　下線部の記述から考えられる，この部分で行われている特徴的な化学反応はどれか。最も適当なものを，次の⓪〜⑤のうちから一つ選べ。
　　　⓪　DNA合成　　②　RNA合成　　③　アミノ酸合成
　　　④　糖合成　　⑤　ATP合成

正誤判断

2　RNAに関する下の問いに答えよ。

☑　**問1**　生物におけるRNAの役割として最も適当なものを，次の⓪〜④のうちから一つ選べ。
　　　⓪　エネルギー生成過程に関与している。
　　　②　子孫をつくる。
　　　③　生命活動のエネルギーとして利用される。
　　　④　特定の機能をもつタンパク質を合成する。

頻出！

☑　**問2**　RNAには，DNAには存在しない塩基が含まれている。それはどれか。最も適当なものを，次の⓪〜⑥のうちから一つ選べ。
　　　⓪　アデニン　　②　アデノシン　　③　アミラーゼ
　　　④　ウラシル　　⑤　グアニン　　⑥　チミン

考察

3 DNA のもつ遺伝情報は，まず mRNA（伝令 RNA）の合成に際して転写される。その情報にしたがって，翻訳が起こる。図1は DNA と mRNA の関係を模式的に示したものである。

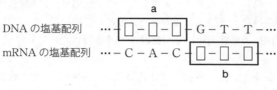

図　1

問1　図1中の a・b の部分に相当する塩基配列として最も適当なものを，次の①～⑨のうちから一つずつ選べ。ただし，記号 A，T，U，G，C は，それぞれアデニン，チミン，ウラシル，グアニン，およびシトシンを指す。

① CAC　　② GTT　　③ GTG　　④ GUG　　⑤ CAA
⑥ CUU　　⑦ ACA　　⑧ TGG　　⑨ UGG

考察

4 アカパンカビの菌糸から分泌される酵素がある。その酵素をつくり出す遺伝子の mRNA を抽出して，その塩基配列を調べたところ，1860 個の塩基からなっており，その 80% がアミノ酸を指定する部分であった。

問1　この mRNA から合成されるタンパク質は，何個のアミノ酸からなっているか。最も適当なものを，次の①～⑤のうちから一つ選べ。

① 248 個　　② 372 個　　③ 496 個　　④ 744 個　　⑤ 1488 個

実戦クリアー

1　動物の細胞は体外に取り出して培養することができる。一般に，正常な動物細胞を培養する場合には，グルコースやアミノ酸などの栄養素の他に，細胞の増殖に必要な物質を含んだウシの血清などを加えたものを培養液として用いる。

　　ラットの胎児由来の細胞を用いて，**実験1～4**を行った。

実験1　3つのシャーレに，栄養素のみの培養液，栄養素とウシの血清を2%または10%加えた培養液を入れ，それぞれに同じ数の細胞を加え，その後の増殖の様子を観察したところ，図1に示すような結果が得られた。

実験2　血清を10%含む条件下で，**実験1**と同様に培養し，増殖が止まった細胞の培養液を，血清を10%含んだ新しい培養液と取り替えると，細胞はさらに増殖した（図2中のx，y）。

実験3　**実験2**と同じ条件の操作を繰り返したところ，新しい培養液と取り替えても細胞の増殖は見られなくなった（図2中のz）。

実験4　**実験3**で増殖しなくなった細胞群を適当な処理で一つ一つになるように解離し，希釈して，血清を10%含む培養液を入れた新しいシャーレに移したところ，再び増殖を始めた。

x，y，zは，それぞれ培養液を
取り替えた時点を示している。

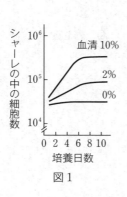

図1

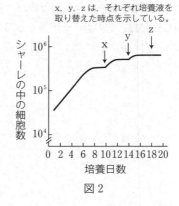

図2

☑ **問1** **実験1**と**実験2**の結果から考えて，**実験1**で細胞の増殖が止まったことに関する記述として最も適当なものを，次の①～④のうちから一つ選べ。

① 血清が2％の条件で細胞の増殖が止まったとき，シャーレにはそれ以上細胞が増殖できる空間は残っていない。

② 血清が2％の条件で細胞の増殖が止まったとき，血清を10％含んだ新しい培養液と取り替えても，細胞の増殖は見られない。

③ 血清が10％の条件で細胞の増殖が止まったのは，シャーレにそれ以上細胞が増殖できる空間がなくなったためである。

④ 血清が10％の条件で細胞の増殖が止まったのは，血清中の増殖に必要な物質を使い切ったためである。

☑ **問2** **実験1～4**の結果から考えられる記述として最も適当なものを，次の①～④のうちから一つ選べ。

① 細胞は，培養液を取り替える操作をすると，増殖能力を失う。

② 細胞は，16日間培養すると，増殖能力を失う。

③ 細胞は，密度が高くなると，血清中の増殖に必要な物質が十分にあっても増殖を停止する。

④ 細胞は，一つ一つになるように解離して新しいシャーレに移すと，血清中の増殖に必要な物質がなくても増殖を開始する。

6 恒常性・神経系・内分泌系

赤シートCHECK

☑ **6-1** **6-2** **6-5** CHECK

・恒常性(ホメオスタシス)…生物が体内環境を一定に保とうとする性質。
・自律神経系…拮抗的に働く交感神経と副交感神経からなる。中枢は間脳の視床下部である。
・交感神経…からだが緊張・活動状態のときに働く。
・副交感神経…からだが安静・休息状態のときに働く。

☑ **6-6** CHECK

・内分泌系…内分泌腺から血液中に分泌される物質(ホルモン)を使って体内環境を調節する仕組み。間脳の視床下部と脳下垂体が中心的に働く。
・ホルモン…内分泌腺から血液中に分泌され，特定の器官(標的器官)に作用する物質。

内分泌腺		ホルモン	おもな働き
脳下垂体後葉		バソプレシン	腎臓での水の再吸収促進
甲状腺		チロキシン	代謝の促進 →体温上昇，血糖濃度(血糖値)上昇
すい臓 (ランゲルハンス島)	A細胞	グルカゴン	血糖濃度上昇
	B細胞	インスリン	血糖濃度減少
副腎	髄質	アドレナリン	血糖濃度上昇 心臓の拍動促進
	皮質	糖質コルチコイド	血糖濃度上昇

☑ **6-7** CHECK

・神経分泌…神経細胞でホルモンが合成され，分泌されること。
・神経分泌細胞…神経分泌を行う神経細胞。

☑ **6-8** CHECK

・フィードバック調節…最終的につくられた生成物やその作用が，前の反応にさかのぼって作用すること。

6-1 恒常性

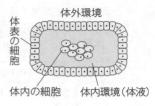

1　多細胞の動物を構成する細胞は，体表の細胞以外は直接外界に接しておらず，体液に取り囲まれている。体液は体内の細胞にとって一種の環境であり，これを体外環境（外部環境）に対して体内環境（内部環境）という。

体表の細胞　体外環境
体内の細胞　体内環境（体液）

2　生物が体内環境を一定に保とうとする性質を恒常性（ホメオスタシス）という。恒常性には，肝臓や腎臓などの器官や自律神経系，内分泌系が重要な役割を果たしている。

6-2 情報伝達と神経系

1　神経細胞（ニューロン）などからなる器官をまとめて神経系という。ヒトの神経系は，脳と脊髄からなる中枢神経系と，中枢とからだの各部位をつなぐ末梢神経系に分けられる。中枢神経系のうち，大脳・小脳・脳幹を合わせて脳という。

神経系	中枢神経系	脳(大脳, 小脳, 脳幹(間脳, 中脳, 延髄など))	
		脊髄	
	末梢神経系	体性神経系	感覚神経
			運動神経
		自律神経系	交感神経
			副交感神経

2　ヒトは，外界の変化を刺激として受容し，感覚神経などを通じてその情報を大脳などの中枢で吟味し，運動神経などを通じて相応の反応を示す。

3　体内の情報も，神経を通じて受容される。体内環境を維持するうえで，体内の情報は即座に対応する必要があるものが多いため，脳幹にあるそれぞれの中枢でつねに情報が確認され，変化に応じた対応がすぐに決まり，自律神経系を通じて実行される。このとき，情報が大脳に送られて，意識したり判断したりすることはない。

6-3   脳・脊髄のおもな働き

1 ヒトの脳・脊髄の働きは，次のようになる。

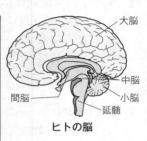

大脳			感覚，随意運動，記憶・思考・判断などの中枢
小脳			平衡覚の中枢，筋肉運動の協調中枢
脳幹	間脳	視床	ほとんどの感覚の中継点
		視床下部	自律神経系と脳下垂体の調節，体温や血糖濃度の調節中枢
	中脳		姿勢の保持，眼球運動，中脳反射の中枢
	延髄		飲み込み運動，血液循環，肺による呼吸運動，延髄反射の中枢
脊髄			脳と末梢神経系の連絡，脊髄反射の中枢

ヒトの脳

6-4   脳幹

1 脳幹は，自律神経系などを通じて体内環境の維持を司っている。このため，外傷や血流障害などで脳幹などが障害を受けて機能を失うと，呼吸や心拍など一部の機能は外部から機械で代替することができるが，やがて，全身の機能は調節を失ったことで停止し，心臓死に至る。脳幹を含む脳が機能しなくなり，回復不能な場合を脳死（全脳死）という。

2 脳幹は機能しているが，大脳の機能が停止している場合を**植物状態**（遷延性意識障害）といい，自発的な呼吸や心拍など体内環境を維持する働きはみられる。このとき，反射的な行動などは示すが，外界の刺激に対する意識的な行動は示さない。

6-5 　自律神経系

1　体内環境の維持には，自律神経系と内分泌系が働いている。ヒトの神経系は，脳と脊髄からなる中枢神経系と，中枢とからだの各部位をつなぐ末梢神経系に分けられる。末梢神経系の一種である**自律神経系**は，意思とは無関係に中枢の情報を内臓などに伝える。

2　**自律神経系**は交感神経と副交感神経からなる。ヒトでは各器官に両神経が分布していることが多く，恒常性の維持に重要な働きをしている。自律神経系は中脳，延髄，脊髄から始まり，**間脳**の視床下部を中枢として働く。

交感神経	対象	副交感神経
拡大	瞳孔	縮小
拡張	気管支	収縮
拍動促進	心臓	拍動抑制
運動抑制	胃腸	運動促進
グリコーゲン分解	肝臓	グリコーゲン合成
排尿抑制	ぼうこう	排尿促進
収縮	皮膚の血管	―
発汗促進	汗腺	―
収縮（鳥肌）	立毛筋	―

―：分布していない

3　交感神経と副交感神経は拮抗的に働く。一般に，交感神経はからだが緊張・活動状態のときに，副交感神経はからだが安静・休息状態のときに働く。

6-6　内分泌系・ホルモン

1　血液中に**ホルモン**[*1]とよばれる物質を放出する器官を内分泌腺という。ホルモンを使って体内環境を調節する仕組みを内分泌系という。

2　ホルモンは，内分泌腺から血液中に分泌され，血流にのって全身に運ばれる。そして，特定の器官(標的器官)[*2]にある標的細胞の受容体に特異的に結合することで，その作用を示す。微量で大きな作用を示し，作用した後は速やかに分解される[*3]。

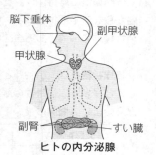

ヒトの内分泌腺

3　ヒトのおもな内分泌腺とホルモン，その働きは次のようになる。

内分泌腺			ホルモン	働き
視床下部			放出ホルモン	脳下垂体前葉ホルモンの放出促進
			放出抑制ホルモン	脳下垂体前葉ホルモンの放出抑制
脳下垂体	前葉		成長ホルモン	タンパク質合成促進，骨の発育促進，血糖濃度上昇
			甲状腺刺激ホルモン	甲状腺ホルモン(チロキシン)の分泌促進，甲状腺の発育促進
			副腎皮質刺激ホルモン	副腎皮質ホルモン(糖質コルチコイド)の分泌促進，副腎皮質の発育促進
	後葉		バソプレシン(抗利尿ホルモン)	腎臓での水の再吸収促進，血圧上昇
甲状腺			チロキシン	全身の化学反応(代謝)の促進→体温上昇，血糖濃度上昇
副甲状腺			パラトルモン	血液中のカルシウムイオン濃度上昇
すい臓(ランゲルハンス島)	A細胞		グルカゴン	グリコーゲンからグルコースへの分解を促進→血糖濃度上昇
	B細胞		インスリン	組織での糖の消費促進，グルコースからグリコーゲンへの合成を促進→血糖濃度低下
副腎	髄質		アドレナリン	グリコーゲンからグルコースへの分解を促進→血糖濃度上昇，心臓の拍動促進
	皮質		糖質コルチコイド	タンパク質からの糖の合成を促進→血糖濃度上昇
			鉱質コルチコイド	腎臓でのナトリウムイオンと水の再吸収，カリウムイオンの排出を促進

＊1　最初に発見されたホルモンは，すい液の分泌を支配する**セクレチン**である。

＊2　1種類のホルモンが2種類以上の標的器官の受容体に結合し，異なる作用を示すこともある。

＊3　ホルモンは，血流によって標的器官に運ばれる。そのため，自律神経系よりも反応が起こるまでに時間がかかるが，持続的に働く。

6-7 神経分泌

1 神経細胞でホルモンが合成され，分泌されることを<u>神経分泌</u>という。ホルモンの分泌を行う神経細胞を<u>神経分泌細胞</u>という。

2 間脳の**視床下部**と<u>脳下垂体</u>が中心となり，各種ホルモンの分泌を調節している。

① 脳下垂体<u>後葉</u>まで伸びる神経分泌細胞では，<u>バソプレシン</u>が合成される。バソプレシンは後葉まで運ばれた後，血液中に直接分泌される。

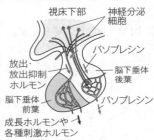

② 脳下垂体<u>前葉</u>の手前にある血管まで伸びる神経分泌細胞では，**放出ホルモン**や**放出抑制ホルモン**が合成・分泌される。これらのホルモンは，血液中に分泌されて前葉まで運ばれる。前葉では，運ばれたホルモンの作用によって，脳下垂体前葉ホルモン（成長ホルモンや各種刺激ホルモン）の放出・抑制が調節される。

6-8 フィードバック調節

1 多くのホルモンの分泌量は，<u>フィードバック調節</u>とよばれる仕組みによって一定になるよう調節されている。

2 フィードバック調節とは，最終的につくられた生成物やその作用が，前の反応にさかのぼって作用することをいう。最終生成物やその作用が，前の反応を促進する場合を**正のフィードバック調節**，抑制する場合を**負のフィードバック調節**という。

3 【甲状腺における負のフィードバック調節】

① **チロキシン濃度が上昇したとき**…チロキシンが放出ホルモン，甲状腺刺激ホルモンの分泌を<u>抑制</u>する結果，チロキシンの分泌が<u>抑制</u>される。

② **チロキシン濃度が低下したとき**…チロキシンが放出ホルモン，甲状腺刺激ホルモンの分泌を<u>抑制</u>しなくなる結果，チロキシンの分泌が<u>促進</u>される。

チロキシン分泌の調節

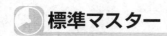

目標時間
15分

正誤判断 ◇◇◇

1 脳下垂体からはさまざまなホルモンが分泌される。それらの作用を調べるために，ラットを麻酔し，苦痛のない状態で脳下垂体の摘出手術を行い，その後の様子を観察した。

☑ **問1**　ホルモンの作用に関する記述として**誤っているもの**を，次の①～⑦のうちから二つ選べ。ただし，解答の順序は問わない。
　① ホルモンは赤血球によって運ばれるので，血管から離れた場所の組織には作用しない。
　② 一つのホルモンの作用は決まっていても，いくつかのホルモンが共同して働くので，さまざまな生理機能を制御できる。
　③ あるホルモンは，特定の器官（標的器官）にのみ作用する。
　④ 自律神経の刺激によって分泌されるホルモンもある。
　⑤ 視床下部には，血液中のグルコース濃度の上昇を感じ，神経を通じてその濃度を低下させるホルモンの分泌を促す中枢がある。
　⑥ 動物は，体内でホルモンを合成できないので，食物として摂取し利用している。
　⑦ 一つの内分泌腺から複数のホルモンが分泌されている場合もある。

頻出!

☑ **問2**　脳下垂体を摘出した後，ラットに起こる変化として最も適当なものを，次の①～⑥のうちから一つ選べ。
　① 尿量が増加する。
　② 代謝が盛んになる。
　③ 成長が促進される。
　④ パラトルモンの分泌が増加する。
　⑤ 甲状腺が肥大する。
　⑥ 副甲状腺が肥大する。

☑ **問3**　ホルモンの分泌が負のフィードバック調節を受けていることを示す現象として最も適当なものを，次の①～⑤のうちから一つ選べ。
　① 塩分を取り過ぎたら，尿量が減少した。
　② リンゴジュースを飲み過ぎたら，血液中のインスリン濃度が上昇した。
　③ 炎症を抑えるため糖質コルチコイド製剤を使い続けたら，副腎の機能低下が起こった。
　④ 激しい運動をしたら，唾液の分泌が減り口の中が渇いた。
　⑤ 怖い映画を観たら，瞳孔が拡大し心臓の拍動数が増加した。

考察 ◇◇◇

2 体内環境は，健常なヒトでは自律神経とホルモンの働きによって安定している。しか
し，これらの働きが乱れることにより，さまざまな疾患が生じる。たとえば，(a)交感神
経と副交感神経のバランスが崩れると自律神経失調症，チロキシンが過剰に分泌される
とバセドウ病，バソプレシンが欠乏すると尿崩症になることがある。

☑ **問1** 文章中の下線部(a)について，疾患とその症状の組合せとして適当なものを，次の
①〜⑥のうちから二つ選べ。ただし，解答の順序は問わない。

	疾患	症状
①	自律神経失調症	交感神経が過剰に働き，血管が収縮するため，血圧が上昇する
②	自律神経失調症	副交感神経が過剰に働き，夜間寝つきにくくなる
③	バセドウ病	新陳代謝が異常に亢進され，暑がりになったり体重が減少したりする
④	バセドウ病	血糖濃度が異常に上昇する
⑤	尿崩症	尿量が非常に減少する
⑥	尿崩症	尿の濃度が非常に高くなる

7 体液

赤シートCHECK

☑ 7-1 CHECK

・脊椎動物の体液は，次のように分けられる。

血液	血管内を流れる体液。
有形成分	赤血球，白血球，血小板
液体成分	血しょう
組織液	組織の細胞間を満たす体液。
リンパ液	リンパ管内を流れる体液。

☑ 7-2 CHECK

・脊椎動物の場合，体液の循環に関わる循環系は血管系とリンパ系に分けられる。

・心臓から出て行く血液が流れる血管を動脈，心臓に戻る血液が流れる血管を静脈，
それらをつなぐ細い血管を毛細血管という。

・血管系は，毛細血管の有無により，閉鎖血管系と開放血管系に分けられる。

・心臓の自動性…ヒトの心臓が，右心房にある洞房結節(ペースメーカー)に生じる
　　周期的な興奮によって，自発的に拍動すること。

☑ 7-4 7-5 CHECK

・ヒトの血液の循環には，全身を巡る体循環と肺を巡る肺循環がある。

　体循環：左心室→大動脈→(肺以外の)全身→大静脈→右心房
　肺循環：右心室→肺動脈→肺→肺静脈→左心房

・赤血球に含まれるヘモグロビン(暗赤色)は，酸素と結合して酸素ヘモグロビン(鮮
紅色)となる。

・酸素濃度と酸素ヘモグロビンの割合の関係を表したグラフを酸素解離曲線という。

☑ 7-6 CHECK

・血液凝固…血液が固まること。血管壁が傷つくと，凝固因子の働きによってフィ
ブリンが生成され，これが血球を絡めとって血ぺいを形成し，傷口をふさぐ。

7-1 体液

1 脊椎動物の体液は，<u>血液</u>，<u>組織液</u>（間質液），<u>リンパ液</u>に分けられる。

血液	血管内を流れる体液。酸素や二酸化炭素，栄養分，老廃物などを運ぶ。
組織液	組織の細胞間を満たす体液。血しょうの一部が毛細血管からしみ出したもの。細胞との間で物質の受け渡しをする。大部分は毛細血管内に戻るが，一部はリンパ管内に入る。
リンパ液	リンパ管内を流れる体液。組織液の一部がリンパ管内へ流れ込んだもの。リンパ液に含まれるリンパ球（白血球の一種）が免疫に働く。

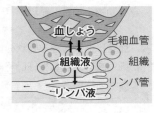

2 ヒトの血液[*1]は**有形成分**の<u>血球</u>と，**液体成分**の<u>血しょう</u>からなる。血球は<u>赤血球</u>，<u>白血球</u>，<u>血小板</u>に分けられ，血球の多くは<u>骨髄</u>でつくられる。

有形成分	核	働き	大きさ(直径)	血球数〔個/mm³〕
赤血球	<u>無</u>[*2]	<u>酸素</u>を運搬する。	$7 \sim 8\,\mu m$	女：380万〜480万，男：410万〜540万
白血球	<u>有</u>	<u>免疫</u>に関わる。	$5 \sim 25\,\mu m$	4千〜1万
血小板	<u>無</u>	<u>血液凝固</u>に関わる。	$2 \sim 5\,\mu m$	10万〜40万

液体成分	構成成分	働き
血しょう	水(約90%)，タンパク質(6〜8%)，無機塩類(約1%)，グルコース，脂質など	物質を運搬する。塩類濃度を調節する。免疫や血液凝固に関わる。

[*1] 一般に，体液は細胞外にある液体（細胞外液）を指すが，細胞内にある液体（細胞内液）を含める場合もある。また，成人の体重の約7.7%を血液が占め，血液の約55〜60%を血しょうが占める。

[*2] 哺乳類の赤血球は核やミトコンドリアをもたないが，鳥類や爬虫類などの赤血球は有核である。哺乳類の赤血球は，中央部がくぼんだ円盤状であるため，体積あたりの表面積が広く，効率よく酸素を運搬することができる。また，狭い毛細血管であっても形を変えて通過することができる。

7-2 血管系

1 多くの動物は，血管や心臓などから構成される<u>循環系</u>によって体液を循環させている。脊椎動物の場合，循環系は<u>血管系</u>と<u>リンパ系</u>に分けられる。

2 **血管**は血液を運ぶ管状の構造である。ヒトの血管系は閉鎖血管系であり，<u>動脈</u>は次第に細く枝分かれして細い<u>毛細血管</u>につながっており，毛細血管は次第に集まって<u>静脈</u>につながっている。

動脈	心臓から出ていく血液が流れる血管。心臓から押し出された血液の高い血圧に耐える，発達した筋肉と厚い血管壁をもつ。最も内側には１層の内皮細胞がある。
静脈	心臓に戻る血液が流れる血管。動脈に比べると筋肉が発達しておらず，血管壁が薄い。血液の逆流を防ぐための**弁**をもつ。最も内側には１層の内皮細胞がある。
毛細血管	動脈と静脈をつなぐ，筋肉をもたない細い血管。隙間のある１層の内皮細胞からなるため，血管壁を通じて周囲の組織と物質の受け渡しができる。

3 毛細血管をもつ血管系を閉鎖血管系，毛細血管をもたない血管系を開放血管系という。

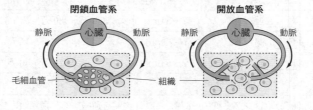

4 **心臓**は，拍動によって血液を循環させるポンプの役割を担う器官で，**心筋**とよばれる筋肉からなる。

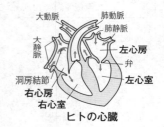

5 ヒトの心臓は，静脈から血液が流れ込む**心房**と，動脈へと血液を送り出す**心室**からなる。心房と心室の間，心室と動脈の間には，血液の逆流を防ぐ**弁**がある。

6 ヒトの心臓は，右心房にある<u>洞房結節</u>に生じる周期的な興奮によって，自発的に拍動している。これを心臓の<u>自動性</u>という。また，心臓全体の拍動のペースをつくり出す洞房結節を<u>ペースメーカー</u>という。

7-3 動物の心臓の構造

1　心臓の構造は動物の種類によって異なる。両生類や爬虫類の心臓では，動脈からの血液と静脈からの血液が混じり合う。一方，鳥類や哺乳類の心臓では，静脈からの血液と動脈からの血液が混じり合わず，効率的に酸素や栄養分を全身に運ぶことができる。

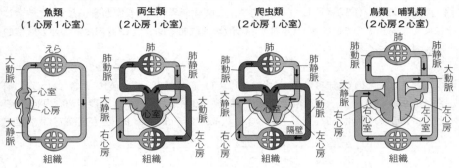

7-4 ヒトの血液の循環

1　ヒトの血液の循環には，全身を巡る体循環と肺を巡る肺循環がある。全身を巡って酸素（O_2）が少なくなり，二酸化炭素（CO_2）が多くなった血液（静脈血）は，右心房から右心室を経て肺に送られ，O_2 と CO_2 を交換する。O_2 が多くなり，CO_2 が少なくなった血液（動脈血）は，左心房から左心室を経て再び全身へと送られる。

2　O_2 の運搬は，赤血球中のヘモグロビンとよばれる色素タンパク質が行う。

3　肺のように O_2 濃度が高く，CO_2 濃度が低いところでは，暗赤色のヘモグロビン（Hb）は O_2 と結合して鮮紅色の酸素ヘモグロビン（HbO_2）となる。一方，組織のように O_2 濃度が低く，CO_2 濃度が高いところでは，HbO_2 は O_2 を離して Hb に戻る。

$$\text{ヘモグロビン（Hb）} + \text{酸素（}O_2\text{）} \underset{\text{組織}}{\overset{\text{肺}}{\rightleftarrows}} \text{酸素ヘモグロビン（}HbO_2\text{）}$$

4　呼吸によって放出された CO_2 は，赤血球に含まれる酵素の働きで炭酸水素イオン（HCO_3^-）となり，血しょう中に溶けて肺に運ばれる。肺では，血しょう中の HCO_3^- が再び CO_2 となり，体外に放出される。

7-5　酸素解離曲線

1　酸素(O_2)濃度と酸素ヘモグロビン(HbO_2)の割合の関係を表したグラフを<u>酸素解離曲線</u>という。

2　ヘモグロビン(Hb)は同じ O_2 濃度でも，二酸化炭素(CO_2)濃度が高いと O_2 と結合しにくくなる。そのため，高 CO_2 濃度下の酸素解離曲線は，低 CO_2 濃度下の酸素解離曲線よりも下にくる。

3　たとえば，肺の O_2 濃度が 100（相対値），CO_2 濃度が 40（相対値）のとき，HbO_2 の割合は約 95 % である。一方，組織での O_2 濃度が 30（相対値），CO_2 濃度が 70（相対値）のとき，HbO_2 の割合は 30 % である。つまり，(95−30＝)65 % の HbO_2 が組織で O_2 を離す。

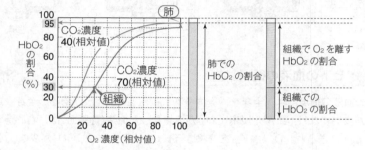

7-6 血液凝固

1 血液を採取してしばらく放置すると，血液が固まって沈殿する。血液の固まりを<u>血ぺい</u>といい，淡黄色の上澄みを<u>血清</u>という。このように血液が固まることを<u>血液凝固</u>という。この反応によって，傷口が止血される。

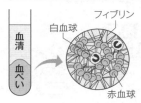

2 【血液凝固の仕組み】

① 血管壁が傷つくと，血小板が集まって傷口を一時的にふさぐ。また，出血部位の血管が収縮して出血量を減らす。

② 血小板から放出される凝固因子や血しょう中に含まれる凝固因子などの働きで，<u>フィブリン</u>という不溶性の繊維状タンパク質ができる。<u>フィブリン</u>が血球を絡めとることで**血ぺい**が形成され，これが傷口をふさぐ。

③ 血ぺいによって傷口が止血されている間に，血管壁が修復される。血管壁の修復が完了すると，フィブリンを分解する**線溶**（**繊溶・フィブリン溶解**）という仕組みが働き，傷口をふさいでいた血ぺいは取り除かれる。

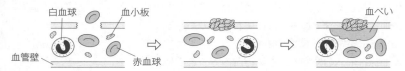

7-7 リンパ系

1 <u>リンパ系</u>はリンパ管やリンパ節などからなり，血管系とともに循環系を構成する。

2 リンパ液で満たされている管を**リンパ管**[*3]という。リンパ管の収縮や筋肉の運動により，リンパ液はゆっくりと一方向に流れている。リンパ管にはところどころに**弁**があり，リンパ液の逆流を防いでいる。

3 リンパ管のいたるところに，球状に膨らんだ**リンパ節**が存在する。リンパ節にはリンパ球などが集まっており，病原体などの異物を取り除いている。

[*3] ヒトでは，毛細リンパ管（各組織に分布する細いリンパ管）が集まって太いリンパ管となり，鎖骨下の静脈で血管系に合流する。

目標時間
20分

用 語 ◇◇

1　私たちのからだを構成する組織や細胞は，血液・リンパ液・　**ア**　液からなる体液
によって取り巻かれている。そのため体内の細胞にとって体液は，一種の環境とみなす
ことができ，　**イ**　環境とよばれる。血液は，赤血球・白血球・　**ウ**　などの血球成
分と液体成分の血しょうに分けることができる。

☑　**問1**　上の文章中の　**ア**　〜　**ウ**　に入る語として最も適当なものを，次の①〜⓪の
うちからそれぞれ一つずつ選べ。
　　① 体内(内部)　　② 体外(外部)　　③ 生　物　　④ 細　胞
　　⑤ 組　織　　⑥ 免　疫　　⑦ 血ぺい　　⑧ 血　糖
　　⑨ 血　清　　⓪ 血小板

正誤判断 ◇◇◇

2　体液に関する下の問いに答えよ。

頻出!
☑　**問1**　血液に関する記述として最も適当なものを，次の①〜④のうちから一つ選べ。
　　① 白血球の中には，血液凝固に関わるものがある。
　　② 血小板の役割の一つは，血ぺいをつくることである。
　　③ 赤血球は酸素の運搬をおもに行うので，自ら動き回る。
　　④ 肺でガス交換した血液は，二酸化炭素を含んでいない。

☑　**問2**　体液の循環に関連する記述として最も適当なものを，次の①〜④のうちから一つ
選べ。
　　① 肺循環では，二酸化炭素を放出し酸素を取り入れるガス交換が行われる。
　　② リンパ液は，リンパ管を通った後，鎖骨下のリンパ節から心臓に入る。
　　③ ヒトの心臓は2つの心房と1つの心室からなり，心室では2つの心房から入る血
　　　液が混ざり合う。
　　④ からだの各組織では，毛細血管から血しょうとともに赤血球が組織へしみ出して
　　　はたらいている。

考察

3 ヘモグロビンは，酸素と結合して酸素ヘモグ
ロビンになる。ヘモグロビンと酸素の結合は，
酸素濃度などによって大きな影響を受ける。ヘ
モグロビンの構造は動物の種によって多少異な
っており，それぞれの酸素解離曲線は，各動物
の生活環境や生活様式によく適応した性質を示
している。発生の過程で，環境の酸素濃度が著
しく変化するものでは，ヘモグロビンの種類を
変えることによって，そのような変化に対応し
ているものも少なくない。

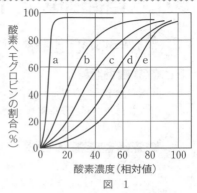

図 1

　図1の曲線a〜eは，それぞれ，ある哺乳類の母体と胎児，およびその他3種の動物
の血液に含まれるヘモグロビンの酸素解離曲線を示したものである（測定時の二酸化炭
素濃度は，この哺乳類の胎盤と同じものとする）。なお，図1の曲線cは，この哺乳類
の母体の酸素解離曲線である。

☑ **問1** この哺乳類の，母体で胎児と酸素などを交換する胎盤における酸素濃度は30（相
対値），母体の血液中の酸素ヘモグロビンの割合は，胎盤に入る直前で96％であった。
胎盤における母体血液中の酸素ヘモグロビンの割合，および，胎盤で酸素を放出する
酸素ヘモグロビンの割合は，それぞれおよそどの程度か。最も適当なものを，次の①
〜⑥のうちから一つずつ選べ。

　1 …胎盤における母体血液中の酸素ヘモグロビンの割合

　2 …胎盤で酸素を放出する母体酸素ヘモグロビンの割合

① 30%　　② 40%　　③ 50%

④ 60%　　⑤ 70%　　⑥ 80%

頻出!

☑ **問2** この哺乳類の胎児の血液の酸素濃度は，胎盤に入る直前で約15（相対値）であっ
た。胎盤において，母体から胎児へ酸素が渡されることを考えると，胎児のヘモグロ
ビンの酸素解離曲線は，図1のa〜eのどれと考えられるか。最も適当なものを，次
の①〜⑤のうちから一つ選べ。

① a　　② b　　③ c　　④ d　　⑤ e

8 自律神経とホルモンによる調節

📖赤シートCHECK✐

☑ **8-1** CHECK
・肝臓の働き…血糖濃度(血糖値)や体温の調節，解毒作用(尿素の生成)，胆汁の生成など，さまざまな働きを担っている。

☑ **8-2** **8-3** CHECK
・腎臓の働き…体内で生じた老廃物を尿として排出する。尿生成の過程は，ろ過と再吸収の2段階に分けられる。

☑ **8-4** **8-5** CHECK
・【血糖濃度が上昇したときの調節】
　視床下部 → 副交感神経 → すい臓ランゲルハンス島B細胞からインスリン分泌 → 血糖濃度低下
・【血糖濃度が低下したときの調節】
　視床下部 → 交感神経 → 副腎髄質からアドレナリン分泌，すい臓ランゲルハンス島A細胞からグルカゴン分泌 → 血糖濃度上昇
　視床下部 → 脳下垂体前葉から刺激ホルモン分泌 → 副腎皮質から糖質コルチコイド分泌 → 血糖濃度上昇
・糖尿病…血糖濃度が異常に上昇した状態が慢性的に続く病気。

☑ **8-7** CHECK
・【寒いときの体温調節】
　視床下部 → 交感神経 → 心臓の拍動を促進 → 発熱量増加
　視床下部 → 交感神経と脳下垂体前葉 → 代謝を促進するホルモン分泌促進 → 発熱量増加
　視床下部 → 交感神経 → 皮膚の血管，立毛筋の収縮 → 放熱量減少
・【暑いときの体温調節】
　視床下部 → 脳下垂体前葉 → 代謝を促進するホルモン分泌抑制 → 発熱量減少
　視床下部 → 副交感神経 → 心臓の拍動，代謝を抑制 → 発熱量減少
　視床下部 → 交感神経 → 汗腺での発汗促進 → 放熱量増加

8-1 肝臓のおもな働き

1 肝臓は人体の化学工場ともよばれ，さまざまな反応により体液の成分の濃度を調節している。

血糖濃度の調節	血液中のグルコースの一部からグリコーゲンを合成して貯蔵する。グリコーゲンは必要に応じて分解され，血糖濃度を一定に保つ働きに関わる。
体温の調節	物質の分解などの化学反応によって発生する熱が，体温の調節に役立つ。
解毒作用	血液中の有害な物質（アルコールなど）を無毒化する。
尿素の生成	タンパク質が分解された際に生じるアンモニアは毒性が高いため，肝臓で毒性の低い尿素に変える。
胆汁の生成	脂肪の消化を助ける働きをもつ胆汁を生成する。
タンパク質の合成・分解	アルブミンなどの血しょう中に含まれるタンパク質の合成・分解に関わる。
赤血球の破壊	ひ臓とともに，古くなった赤血球の破壊を行う。

8-2 腎臓の働きと構造

1 ヒトの腎臓は，体内で生じた老廃物を尿として排出する器官である。水やイオンなどのろ過・再吸収を行うことで，体液の塩類濃度を調節している。

2 腎臓は，腹腔の背側に左右1個ずつあり，ネフロン（腎単位）とよばれる構造を構造単位にしている。ネフロンは腎臓1個あたり約100万個存在する。

3 ネフロンは，腎小体（マルピーギ小体）と細尿管（腎細管）からなる。腎小体では，多数の毛細血管が球状に集まった糸球体を，ボーマンのうという袋状の構造が包み込んでいる。

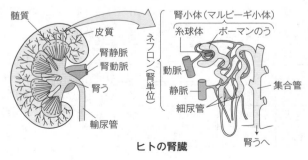

ヒトの腎臓

8-3　ヒトの尿生成

1　ヒトの腎臓における尿生成の過程は，ろ過と再吸収の2段階に分けられる。

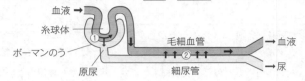

2　【ろ過：血液──原尿】（図の①）

　　腎動脈から流れてきた血液は糸球体に入る。糸球体は，細かい孔の開いたざるのようなものと考えればよい。そのため，血球やタンパク質はろ過されない。ボーマンのう側にろ過された液体を原尿という。

3　【再吸収：原尿──尿】（図の②）

①　原尿のうち，水やグルコース，アミノ酸，無機塩類などは細尿管を通過する間に，毛細血管に再吸収される。水やグルコース，アミノ酸などの有用な成分は大部分が再吸収されるが，尿素などの不要な成分はあまり再吸収されず，濃縮される。

②　原尿は**細尿管→集合管→腎う→輸尿管**を経て**ぼうこう**にためられ，**尿**として排出される。なお，水は集合管でも再吸収される。

4　【尿の成分】

①　尿の成分のうちタンパク質はろ過されないため，血しょう中には含まれるが，原尿中には含まれない（表の①）。タンパク質以外の成分はろ過され，「血しょう中の濃度＝原尿中の濃度」となる。

②　グルコースは，ろ過された後，細尿管ですべて再吸収されるため，尿中には含まれない（表の②）。細尿管であまり再吸収されない物質（尿素など）ほど濃縮率は高くなる。

	血しょう	原尿	尿	濃縮率
タンパク質	① 7～9	0	0	0
グルコース	0.1	0.1	② 0	0
尿素	0.03	0.03	2	66.7
ナトリウムイオン	0.3	0.3	0.35	1.17
カリウムイオン	0.02	0.02	0.15	7.5

表中の単位：

　％（＝g/100mL）

濃縮率

$$=\frac{尿中の濃度}{血しょう中の濃度}$$

1 血液中のグルコースの量を血糖濃度(**血糖値**)という。ヒトでは，自律神経とホルモンの働きにより，約 0.1% に保たれている。

2 【血糖濃度が上昇したときの調節】

① 高血糖は**間脳の視床下部**で感知され，**副交感神経**を通して，**すい臓ランゲルハンス島のB細胞**を刺激し，**インスリン**が分泌される。B細胞自身も直接高血糖を感知し，**インスリン**を分泌する。

② インスリンが組織での糖消費やグルコースからのグリコーゲンの合成を促進する結果，血糖濃度が低下する。

3 【血糖濃度が低下したときの調節】

① 低血糖は**間脳の視床下部**で感知され，**交感神経**を通して，**副腎髄質**とすい臓ランゲルハンス島の**A細胞**を刺激する。**副腎髄質**からは**アドレナリン**が，**A細胞**からは**グルカゴン**が分泌される。A細胞自身も直接低血糖を感知し，**グルカゴン**を分泌する。

② 脳下垂体前葉からは副腎皮質刺激ホルモンが分泌され，**副腎皮質**からの糖質コルチコイドの分泌を促進する。

③ アドレナリン，グルカゴンはグリコーゲンからグルコースへの分解を促進し，糖質コルチコイドはタンパク質からの糖の合成を促進する結果，血糖濃度が上昇する[1]。

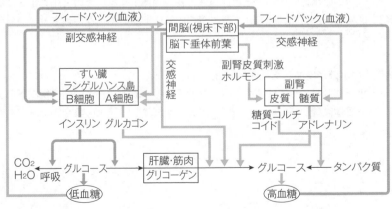

*1 血糖濃度を上昇させる方法がいくつもあるのは，低血糖が，からだにとってきわめて危険な(低血糖症になると最終的に昏睡状態に陥る)ためである。

8-5　糖尿病

1　血糖濃度が異常に上昇した状態が慢性的に続く病気を<u>糖尿病</u>とよぶ。糖尿病では、グルコースが腎臓で完全に再吸収されず、尿中に排出されることがある。問題は、尿中にグルコースが排出されること自体ではなく、血液中の高血糖が継続することによって、眼や腎臓の血管障害などさまざまな合併症を発症することである。

2　糖尿病はⅠ型糖尿病とⅡ型糖尿病に区分されるが、生活習慣の悪化による糖尿病は、多くの場合Ⅱ型糖尿病である。

Ⅰ型糖尿病	ランゲルハンス島 B 細胞が<u>破壊され</u>てインスリンが分泌されないことが原因。
Ⅱ型糖尿病	ランゲルハンス島 B 細胞のインスリン<u>分泌能力の低下</u>や、標的細胞のインスリン受容体の異常などによるインスリンへの<u>反応性低下</u>が原因。

8-6　体液中の水分量の調節

1　【体液中の水分が減少したときの調節】
①　発汗などで体液中の水分が失われると、その変化は**間脳**の**視床下部**で感知され、**脳下垂体後葉**からの<u>バソプレシン</u>の分泌が増加し、腎臓の集合管で水の再吸収が<u>促進</u>される。

②　**副腎皮質**からの<u>鉱質コルチコイド</u>の分泌が増加して、腎臓で**ナトリウムイオン**の再吸収が促進される。

③　また、体液中の水分が失われると、血液の総量が減少する。この変化もまた**間脳**の**視床下部**で感知され、**交感神経**を通して血管の収縮や心臓の拍動が促進され、血液の減少に伴って低下した血圧を回復させる。

2　【体液中の水分が増加したときの調節】
①　多量の水を飲むなどして体液中の水分が増えると、その変化は**間脳**の**視床下部**で感知され、**脳下垂体後葉**からの<u>バソプレシン</u>の分泌が減少し、腎臓の集合管で水の再吸収が<u>抑制</u>される。

8-7 体温の調節

1 ヒトの体温は，自律神経とホルモンの働きにより，約 37℃ に保たれている。

2 【寒いときの体温調節】

① 間脳の**視床下部**で感知され，<u>交感神経</u>を通して心臓の拍動が促進され，交感神経や**脳下垂体前葉**から代謝を<u>促進</u>するホルモン(アドレナリン，糖質コルチコイド，チロキシンやそれらの刺激ホルモン)の分泌が<u>促進</u>されることで，発熱量は増加する。

② <u>交感神経</u>を通して立毛筋や皮膚の血管が<u>収縮</u>するが，汗腺を刺激する交感神経は働かず，発汗しないことで，放熱量が減少する。

3 【暑いときの体温調節】

① 代謝を促進するホルモンの分泌が<u>抑制</u>され，<u>副交感神経</u>を通して心臓の拍動や代謝が<u>抑制</u>されることで，発熱量は減少する。

② 皮膚の血管が拡張し，<u>交感神経</u>を通して汗腺からの発汗が<u>促進</u>されることで，放熱量が増加する。

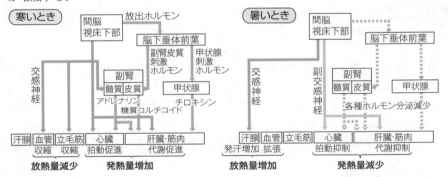

 **標準マスター**

目標時間
15分

用語

1　健康なヒトの場合，激しい筋肉運動や脳の活動などでグルコースがエネルギー源として消費されると，血糖濃度は低下する。また，一時的に飢餓状態におかれた場合も低血糖となる。しかし，通常は肝臓などに十分な量のグリコーゲンが蓄積されていて，これが分解されてグルコースとして放出されるので，血糖濃度はやがてほぼ正常に戻る。血糖濃度が低血糖から正常に戻る生理的過程は，まず　**ア**　によって低血糖が感知され，**イ**　が促進されることによる。

☑　**問1**　上の文章中の　**ア**　・　**イ**　に入る語句として最も適当なものを，次の①〜⓪のうちからそれぞれ一つずつ選べ。
① 大　脳　　② 小　脳　　③ 中　脳　　④ 間　脳　　⑤ 脳下垂体
⑥ インスリンの分泌　　　　　⑦ アドレナリンの分泌
⑧ バソプレシンの分泌　　　　⑨ グリコーゲンの合成
⓪ アミラーゼの分泌

正誤判断

2　ホルモン分泌の調節に関する下の問いに答えよ。

頻出!

☑　**問1**　体温が低下したときの体温調節に関する記述として最も適当なものを，次の①〜⑤のうちから一つ選べ。
① 副腎髄質から糖質コルチコイドが分泌され，心臓の拍動を促進して，血液の熱を全身に伝える。
② 副腎皮質からアドレナリンが分泌され，心臓の拍動を促進して，血液の熱を全身に伝える。
③ 脳下垂体後葉から甲状腺刺激ホルモンが分泌され，肝臓や筋肉の活動を促進する。
④ 皮膚の血管に分布している交感神経が興奮して，皮膚の血管が収縮する。
⑤ 立毛筋に分布している副交感神経が興奮して，立毛筋が収縮する。

3 糖尿病の検査のため，空腹時に，体重 1 kg あたり約 1 g の多量のグルコースを摂取させた後，一定時間ごとに血糖濃度（血糖値）を調べることがある。健康なヒトの血糖濃度は，通常，100 mL あたり 80～100 mg の範囲であり，多量のグルコースを摂取すると一時的に上昇するが，(a)約 2 時間後には，ほぼ正常な値に戻る。一方，糖尿病のヒトは多量のグルコースを摂取しなくても血糖濃度が健康なヒトより高く，100 mL あたり 120 mg 以上であり，多量のグルコースを摂取すれば血糖濃度は 100 mL あたり 200 mg 以上にも達し，(b)数時間たっても容易に初めの値に戻らない。

問1 下線部(a)のように，グルコース摂取によって上昇した血糖濃度が，比較的早く，ほぼ正常に戻る理由は何か。最も適当なものを，次の ① ～ ④ のうちから一つ選べ。
① 副腎からホルモンが分泌され，グルコースが分解される。
② すい臓からホルモンが分泌され，グルコースが細胞の中に取り込まれる。
③ 腎臓の働きによってグルコースが尿の中に排出される。
④ 交感神経の働きにより，グルコースからグリコーゲンが合成される。

問2 下線部(b)のように，高血糖が容易に初めの状態に戻らない理由として適当なものを，次の ① ～ ⑧ のうちから二つ選べ。ただし，解答の順序は問わない。
① 糖質コルチコイドの量が不足している。
② グルカゴンの量が不足している。
③ アドレナリンの量が不足している。
④ インスリンの量が不足している。
⑤ 血液中から細胞内にグルコースを運ぶ過程が十分に働かない。
⑥ グリコーゲンを分解する過程が十分に働かない。
⑦ 血液中から尿中にグルコースを排出する過程が十分に働かない。
⑧ 交感神経の伝達に欠陥がある。

9 免疫1

赤シートCHECK

☑ **9-1** **9-2** **9-3** **9-4** CHECK

・生体防御の仕組みとしては，異物を非特異的に攻撃する<u>自然免疫</u>や，そこで排除されなかった異物を特異的に攻撃する<u>獲得免疫</u>(<u>適応免疫</u>)が働く。

☑ **9-5** **9-6** **9-7** CHECK

・体液性免疫…<u>樹状細胞</u>による食作用・<u>抗原提示</u>　→　ヘルパー T 細胞の活性化・増殖　→　B 細胞の活性化・増殖・<u>抗体産生細胞</u>(<u>形質細胞</u>)への分化　→　抗体と抗原の<u>抗原抗体反応</u>・<u>マクロファージ</u>などによる食作用　→　抗原(異物)を排除

・細胞性免疫…<u>樹状細胞</u>による食作用・<u>抗原提示</u>　→　ヘルパー T 細胞の活性化・増殖　→　<u>マクロファージ</u>，キラー T 細胞の活性化・増殖　→　感染細胞への攻撃　→　抗原(異物)を排除

☑ **9-8** CHECK

・<u>一次応答</u>…新たな抗原の侵入を受けて，体液性免疫または細胞性免疫が働き，抗原を排除しようとすること。

・<u>二次応答</u>…同じ抗原の侵入があった際，1回目より強くて速やかな免疫反応が起こること。

・<u>記憶細胞</u>…一度抗原の侵入を受けたときに保存される，B 細胞や T 細胞(ヘルパー T 細胞，キラー T 細胞)の一部のこと。

・<u>免疫記憶</u>…同じ抗原の侵入を受けると，記憶細胞が直ちに活性化して働き，1回目より迅速に抗原を排除することができる仕組み。

9-1 生体防御

1 生物体は，異物の侵入を防いだり，侵入した異物を排除したりする**生体防御**の仕組みをもっている。この仕組みを<u>免疫</u>という。

2 ヒトでは，異物はまず皮膚や，消化管・気管内の粘膜による**物理的・化学的防御**[*1]によって体内への侵入が防がれる。物理的・化学的防御によって排除されず，体内に侵入した異物は，好中球やマクロファージ，樹状細胞による<u>食作用</u>や，T細胞やB細胞などによる<u>獲得免疫</u>によって排除される。

自然免疫	**物理的防御・ 化学的防御**	角質層の形成，繊毛の運動，常在菌，粘液の分泌や分泌物による異物の分解，消化液による殺菌など。
	<u>食作用</u>・**炎症**	<u>好中球</u>や<u>マクロファージ</u>，<u>樹状細胞</u>による，非特異的な異物の認識と細胞内への取り込み，消化分解など。
	<u>感染細胞の除去</u>	NK細胞による，感染細胞への攻撃。
獲得免疫 （適応免疫）	<u>体液性免疫</u>	<u>B細胞</u>のつくる<u>抗体</u>によって特異的に異物（抗原）を排除する免疫。
	<u>細胞性免疫</u>	<u>キラーT細胞</u>が抗原に感染した細胞を直接攻撃して排除する免疫。

---

*1 物理的・化学的防御は自然免疫に含まれないこともある。

9-2　免疫担当細胞

1　免疫担当細胞である**白血球**は，その働きから，**食細胞**である好中球，マクロファージ，樹状細胞とリンパ球に分けられる。**リンパ球**は，他の白血球と同じように骨髄で造血幹細胞から分化し，骨髄やひ臓で成熟する B 細胞と，胸腺で成熟する T 細胞，ウイルスに感染した細胞やがん細胞などを認識して排除する **NK（ナチュラルキラー）細胞**に分けられる。

食細胞		好中球	・顆粒白血球の一種である好中球は，**食作用**をもち，自然免疫に関わる。好中球は白血球の中で最も数が多い。
		単球 / マクロファージ	・単球は毛細血管を抜けて感染部位の組織中でマクロファージに分化する。 ・非特異的な**食作用**をもち，獲得免疫に関わる。
		樹状細胞	・大型のものが多い。**食作用**をもち，獲得免疫に関わる。
リンパ球		**B 細胞**	・体液性免疫に関わる。**抗原**の刺激を受けると**抗体産生細胞**に分化し，抗体を産生する。
	T 細胞	キラー T 細胞	・細胞性免疫に関わる。抗原に感染した細胞を認識して攻撃する。
		ヘルパー T 細胞	・B 細胞の抗体産生細胞への分化や，キラー T 細胞の活性化を促す。
		NK（ナチュラル キラー）細胞	・自然免疫と一部の細胞性免疫に関わる。感染細胞やがん細胞の排除に働く。

2　自己の物質に反応する B 細胞，T 細胞は，分化の過程で選別され，自ら死滅する。これを免疫寛容の獲得という。この仕組みによって，非自己の物質に反応する B 細胞，T 細胞のみが残り，異物の侵入に備えている。

9-3 自然免疫

1 先天的な免疫の一種で，侵入したどの異物に対しても非特異的に働くものを<u>自然免疫</u>という。ほとんどすべての動物がもつ仕組みである。

2 【物理的・化学的防御】

角質層の形成	皮膚の表層では，死細胞が隙間なく重なって**ケラチン**とよばれるタンパク質を含む硬い角質層を形成し，異物の侵入を防いでいる。	
繊毛の運動・せき・くしゃみ	気管内の細胞膜表面の繊毛の運動やせき・くしゃみによって異物を体外に排出する。	
常在菌・常在細菌	皮膚や腸内に常在菌(腸内では腸内細菌)が存在することで，侵入した細菌の繁殖を抑制している。	
粘液の分泌	鼻や口，消化管・気管の内壁(粘膜)は，鼻水・だ液などの粘液を分泌しており，異物が直接細胞に付着することを防いでいる。	
分泌物による分解	汗や涙・だ液に含まれる**リゾチーム**(細菌の細胞壁を分解する酵素の一種)，汗や消化管の粘液中に含まれるディフェンシン(細菌の細胞膜を分解するタンパク質の一種)によって異物を分解する。	
消化液による殺菌	胃酸は酸性で，殺菌作用をもつ。消化液に含まれる消化酵素も殺菌作用をもつ。	

物理的・化学的防御

3 【食作用・炎症】

① <u>食作用</u>とは，好中球やマクロファージ，樹状細胞が，侵入した異物を認識して直接細胞内に取り込み，消化・分解する働きのことである。

食細胞

細菌などの異物 核　　異物を取り込む　　異物を消化・分解

② 異物が侵入した部位周辺のマクロファージや樹状細胞は，<u>炎症</u>などの免疫反応を引き起こす。炎症を起こした部位では，血管が拡張することで，白血球が血管外に出やすくなる。また，外から見ると赤く腫れ，発熱した状態となり，細菌の増殖を抑制し，免疫担当細胞の活性を高める。

4 【感染細胞への攻撃】

NK細胞は正常細胞との細胞表面の違いを認識して，感染細胞やがん細胞を排除する。

9-4   獲得免疫

① 後天的に獲得される免疫の一種で，自然免疫で排除しきれず侵入した異物に対して特定のリンパ球のみが特異的に働くものを獲得免疫(適応免疫)という。こうした特異的な免疫応答を引き起こす異物を抗原という。

② 獲得免疫では，以前侵入した抗原の情報を記憶しているため(免疫記憶)，同じ抗原が再び侵入した際に特異的に認識して迅速に排除することができる。ただし，はじめて侵入した抗原に対して応答するには，時間がかかる。

③ 獲得免疫は，**B 細胞**のつくる**抗体**によって抗原を排除する体液性免疫と，**キラー T 細胞**が抗原に感染した細胞を直接攻撃して排除する細胞性免疫に分けられる。

9-5 体液性免疫

1 獲得免疫のうち，B細胞のつくる**抗体**によって**抗原**を排除する免疫を体液性免疫という。血しょう(体液)中に含まれる抗体によって起こるため，このようによばれる。

2 【体液性免疫の仕組み】

① 樹状細胞などは，体内に侵入した抗原を食作用によって取り込み，細胞内で分解した抗原の一部を細胞表面に提示する(抗原提示[*2])。

② 担当するヘルパーT細胞[*3]は，提示された抗原を認識して活性化・増殖し，B細胞の増殖・分化を促進する。B細胞自身も細胞表面で抗原を認識して活性化する。活性化したB細胞は増殖・分化して抗体産生細胞(形質細胞)となり，抗原に対して特異的に結合する抗体を産生し，血しょう中に放出する。

③ 抗体と抗原の結合を抗原抗体反応といい，抗体が結合した抗原は無毒化され，マクロファージなどの食作用によって排除される。

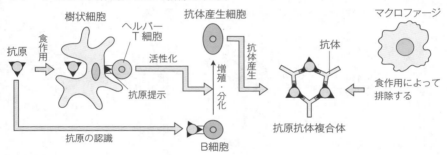

9-6 抗体

1 体液性免疫において，B細胞から分化した抗体産生細胞が産生する物質を抗体という。抗体の実体は，免疫グロブリンとよばれるタンパク質である。

2 1種類のB細胞(から分化した抗体産生細胞)は，1種類の抗体のみを多量に産生することができる。1種類の抗体は，1種類の抗原にのみ結合することができる[*3]。

[*2] 抗原提示をおもに担うのは**樹状細胞**だが，マクロファージも行うことがある。

[*3] 体内には，無数の抗原に対応するために，特定の1種類の抗原にのみ反応するヘルパーT細胞やB細胞が何百万種も存在する。

9-7　細胞性免疫

1　獲得免疫のうち，キラーT細胞が抗原に感染した細胞を直接攻撃して排除する免疫を細胞性免疫という。抗体は細胞内に入れないので，ウイルスなどの細胞内に入ってしまう抗原はこの仕組みによって排除される。

2　【細胞性免疫の仕組み】

① 　樹状細胞などは，体内に侵入した抗原を食作用によって取り込み，細胞内で分解した抗原の一部を細胞表面に提示する（抗原提示[*4]）。ウイルスなどの病原菌が感染した細胞の表面にも，病原菌の一部が提示される。

② 　担当するヘルパーT細胞[*5]は，提示された抗原を認識して活性化・増殖し，マクロファージ，キラーT細胞を活性化する。キラーT細胞自身も，樹状細胞や感染細胞に提示された抗原を認識して活性化する[*6]。

③ 　活性化されたマクロファージは，食作用によって感染細胞を排除する。また，活性化されたキラーT細胞は，感染細胞を直接攻撃して排除する。

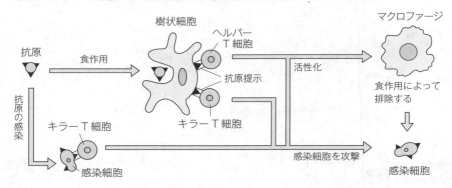

3　1種類のキラーT細胞は，特定の1種類の抗原のみを認識する[*5]。

[*4]　抗原提示をおもに担うのは**樹状細胞**だが，マクロファージも行うことがある。

[*5]　体内には，無数の抗原に対応するために，特定の1種類の抗原にのみ反応するヘルパーT細胞やキラーT細胞が何百万種も存在する。

[*6]　NK細胞は，ヘルパーT細胞によって活性化されなくても，細胞表面の正常細胞との違いを認識することで，独自に感染細胞やがん細胞を発見・破壊することができる。

9-8 免疫記憶

1 新たな抗原の侵入を受けると，体液性免疫または細胞性免疫が働き，抗原を排除しようとする。これを<u>一次応答</u>という。このとき増殖したB細胞またはT細胞(ヘルパーT細胞，キラーT細胞)の一部は，<u>記憶細胞</u>となって残る。

2 同じ抗原の侵入を受けると，記憶細胞が直ちに活性化して[*7]働き，1回目より迅速に抗原を排除することができる。この仕組みを<u>免疫記憶</u>といい，同じ抗原の侵入があった際，1回目より強くて速やかな免疫反応が起こることを<u>二次応答</u>という。

3 【体液性免疫における免疫記憶】

同じ抗原を2回注射すると，2回目には**抗体**の産生が<u>早く</u>開始され，期間も<u>長く</u>なるため，産生量も<u>多く</u>なる。2回目の注射時に他の抗原を注射しても，その抗原の注射が初めてである場合は，二次応答を引き起こすことはない。

4 【細胞性免疫における免疫記憶】

① A系統マウスの皮膚をB系統マウスに移植すると，約10日後に移植した皮膚が定着せずに脱落[*8]する。これを<u>拒絶反応</u>という。

② このB系統マウスに再びA系統マウスの皮膚を移植すると，<u>二次応答</u>が起こって，移植した皮膚は，1回目の移植よりも短時間の約6日後に脱落する。

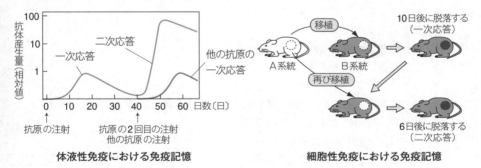

体液性免疫における免疫記憶　　　　**細胞性免疫における免疫記憶**

[*7] B細胞は，ヘルパーT細胞の刺激を受けやすい状態で保存される。このため，迅速な反応が可能となる。

[*8] キラーT細胞やNK細胞が，移植した皮膚や臓器を非自己と認識し，攻撃するために起こる。

標準マスター

目標時間
20分

✎ **用語**〰〰

1 リンパ球の一種の ア は，体内に侵入した異物に対して イ とよばれるタンパク質をつくり出す。このときの異物を ウ とよぶ。 イ は ウ に結合して，無毒化する働きをもつ。

☑ **問1** 上の文章中の ア ～ ウ に入る語として最も適当なものを，次の ① ～ ⓪ のうちからそれぞれ一つずつ選べ。

① マクロファージ　　② 抗　原　　③ B細胞
④ T細胞　　　　　　⑤ 抗　体　　⑥ 酵　素
⑦ NK細胞　　　　　⑧ 樹状細胞　⑨ 拒絶反応
⓪ 血　清

🔨 **正誤判断**〰〰

2 免疫に関する下の問いに答えよ。

☑ **問1** 免疫の仕組みに基づいて起こる現象として最も適当なものを，次の ① ～ ⑤ のうちから一つ選べ。

① 出血時の血液凝固
② ホルモンのフィードバック調節
③ 酵素による触媒反応
④ 肺炎双球菌の形質転換
⑤ 臓器移植における拒絶反応

頻出!
☑ **問2** 抗体に関する記述として**誤っているもの**を，次の ① ～ ⑤ のうちから一つ選べ。

① 抗体は，抗原と非特異的に結合する。
② 抗体は，体液中に放出される。
③ 抗体は，タンパク質でできている。
④ 抗体と結合した抗原は，食作用によって排除される。
⑤ 同じ抗原の2回目以降の侵入に対して，記憶細胞が速やかに反応し，抗体がつくられる。

考察

3 遺伝的に異なる3系統A, B, Cのマウスをそれぞれ数個体ずつ(各個体を1, 2など, 数字で表す)と, AとBを交配して得られた子Fを用意し, 次の皮膚移植の**実験1～3**を行った。皮膚を移植するには, 背中の一部から約1 cm² の皮膚を切り取って除去し, そこへ他の個体の同じ部位から切り取った同じ大きさの皮膚を植えつける。移植した皮膚が生きていることを生着という。なお, マウスの同一系統内では, すべての個体が同一の遺伝子組成をもつため, 免疫系の働きも同じになる。

実験1 A1 に移植された A2 の皮膚は, いつまでも生着し続けた。しかし, A2 に移植された B1 の皮膚は, いったん生着したが, 移植の14日後に, かさぶた状になって脱落した。

実験2 実験1で B1 の皮膚が脱落したのち, A2 の別の部位に B2 の皮膚と C1 の皮膚を並べて移植した。C1 の皮膚は, いったん生着し, 移植の14日後に脱落したが, B2 の皮膚は生着できず, 移植の6日後に脱落した。

実験3 出生直後の A3 に, AとBの子Fのリンパ系の器官の細胞を静脈注射して与えた。成長後の A3 に, B3 の皮膚と C2 の皮膚を並べて移植した。その結果, B3 の皮膚はいつまでも生着し続けたが, C2 の皮膚は移植の14日後に脱落した。

☑ **問1** **実験1・実験2**の結果が得られた仕組みとして適当なものを, 次の①～⑧のうちから三つ選べ。ただし, 解答の順序は問わない。

① 抗原に特異的な免疫の記憶　　② 抗原に非特異的な免疫の記憶

③ 血液型の違いによる作用　　④ 免疫に対する抑制作用

⑤ 体液性免疫　　⑥ 細胞性免疫

⑦ 自己と非自己の混同　　⑧ 自己と非自己の識別

☑ **問2** **実験1・実験2**を踏まえ, **実験3**の結果が得られた理由として最も適当なものを, 次の①～④のうちから一つ選べ。

① Fの細胞が, A3 の未熟な免疫系を, B系統の特異性に関係なく無差別に攻撃したため。

② A3 の未熟な免疫系で, B系統に対する反応性が失われてしまったため。

③ A3 の未熟な免疫系が, Fの細胞の特徴を認識できなかったため。

④ C2 の皮膚から放出された物質が, B3 の皮膚の生着を助けるための養分として役立ったため。

10 免疫2

赤シートCHECK!

☑ **10-1** **10-2** CHECK

・【免疫機能の異常・低下と病気】

アレルギー	アレルゲンに対する過敏な免疫反応が起こり，からだに異常をきたす反応。花粉症，アナフィラキシーショックなど。
自己免疫疾患	何らかの原因で免疫寛容が獲得できず，自己の体内物質に対して免疫反応がみられる疾患。関節リウマチ，Ⅰ型糖尿病など。
エイズ	ヒト免疫不全ウイルスが獲得免疫に働くヘルパーT細胞に感染し，破壊することで起こる病気。免疫力が大幅に低下するため，日和見感染を起こしたり，がんなどを発症しやすくなったりする。

☑ **10-3** CHECK

・【免疫の利用】

予防接種	免疫記憶を成立させるために人為的に与えられる，無毒化（弱毒化）した抗原（ワクチン）を接種することによって感染を予防すること。ワクチンを前もって接種することを予防接種という。インフルエンザなどの予防に用いられる。
血清療法	抗体を含む血清を投与することで毒素を取り除いたり，病気を治療したりする方法。破傷風，ジフテリアなどの治療に用いられる。

☑ **10-4** CHECK

・ABO式血液型…赤血球の表面にある抗原（凝集原）と血しょう中に存在する抗体（凝集素）の組合せで決まる。異なる血液を混ぜると，凝集原と凝集素による凝集反応（抗原抗体反応の一種）が起こる。

10-1 免疫機能の異常と病気

1 【アレルギー】

① 外界からの異物に対して過敏な免疫反応が起こり，じんましん，ぜんそく，くしゃみ，目のかゆみなどからだに異常をきたす場合，この反応を<u>アレルギー</u>といい，その原因物質を<u>アレルゲン</u>とよぶ。スギなどの花粉がアレルゲンとなり，くしゃみや眼のかゆみなどの反応として現れる<u>花粉症</u>はその一例である。アレルギー症状は，アレルゲンと接触してすぐに症状が現れる場合もあれば，1〜2日経ってから現れる場合もある。

② ピーナッツやソバなどの食物やハチ毒，ある種の薬品などがアレルゲンとなって，呼吸困難や急激な血圧低下などの重篤な全身症状を示すことがあり，このような症状を<u>アナフィラキシーショック</u>という。

2 【自己免疫疾患】

何らかの原因で免疫寛容が獲得できず，自己の体内物質に対して体液性免疫や細胞性免疫の反応がみられる場合，これを**自己免疫疾患**という。自己の関節の組織が抗原として攻撃される関節リウマチや，ランゲルハンス島 B 細胞が抗原として攻撃される I 型糖尿病などがその例である。

10-2 免疫機能の低下と病気

1 【エイズ】

① <u>ヒト免疫不全ウイルス</u>(**HIV**)が獲得免疫に働くヘルパー T 細胞に感染し，破壊することで起こる免疫不全症(**AIDS**。後天性免疫不全症候群)。

② HIV が感染した結果，ヘルパー T 細胞によって活性化されるはずの B 細胞やマクロファージ，キラー T 細胞が働かなくなり，獲得免疫の機能が大きく低下するため，健康なヒトではほとんど問題にならないような病原体に感染したり(<u>日和見感染</u>)，がん[*1]などを発症しやすくなったりする。

③ HIV は，感染者の体液に多く含まれており，輸血や性的接触などによってのみ感染する。

2 【エイズ以外の免疫不全症】

感染症であるエイズとは異なり，免疫の仕組みの一部や免疫に関わる細胞の先天的な欠如が原因で，免疫不全となる場合もある。

[*1] 細胞周期を正常に進行させる仕組みが機能しなくなることで，過剰に増殖するようになった細胞をがん細胞という。がん細胞は日々発生しているが，普段は細胞性免疫などによって排除されている。

10-3　免疫の利用

1　【予防接種】

①　免疫記憶を成立させるために人為的に与えられる，無毒化・弱毒化した抗原を<u>ワクチ</u><u>ン</u>という[*2][*3]。ワクチンを前もって接種する（<u>予防接種</u>）と，無毒化・弱毒化されているために病気を発症することはないが，弱い一次応答が起こり，免疫記憶が成立する。その後実際に感染が起こると，**二次応答**によって速やかに抗原を排除することができる。

②　<u>予防接種</u>は，ジェンナーによって開発された。ヒトでは比較的症状の軽いウシの天然痘（牛痘）の病原体を接種することで，ヒトの天然痘への感染を防ぐ，もしくは感染しても症状を軽くできるようになった。

2　【血清療法】

①　ウマなどの動物に無毒化・弱毒化した毒素や病原体を注射して抗体をつくらせ，この抗体を含む血清（**抗血清**）を投与することで毒素を取り除いたり，病気を治療したりする方法を<u>血清療法</u>という。北里柴三郎らが開発し，ヘビ毒や破傷風，ジフテリアなどの治療に用いられる。

②　血清中の（ウマなどの）抗体は，投与されたヒトにとっては異物なので，血清中の抗体に対する免疫反応が起こる。2回目以降，同じ血清を投与すると**二次応答**が起こり，抗体は速やかに排除されるため，同じ血清を2回以上用いることはできない。

[*2]　ワクチンは免疫記憶を成立させるためのものなので，病気にかかってから接種しても効果はない（予防のためのものである）。抗血清は抗体を含むので，病気にかかった後に接種しないと効果がない（治療のためのものである）。

[*3]　はしかのワクチンや結核のワクチン（BCG）には，弱毒化した生きた病原体が抗原として使われており，インフルエンザワクチンには，病原体を化学処理などにより殺して抗原となる物質を精製したものが抗原として使われている。

10-4　ABO式血液型

1　ヒトの赤血球の表面には抗原があり，これを凝集原（A，B）という。また，ヒトの血しょう中には，生まれつき他の血液型の赤血球に対する抗体があり，これを凝集素（α，β）という。凝集原Aは凝集素αと，凝集原Bは凝集素βとそれぞれ凝集反応（抗原抗体反応の一種）を起こす。

2　ABO式血液型は，凝集原と凝集素の組合せで決まる。A型のヒトは凝集原Aと凝集素βを，B型のヒトは凝集原Bと凝集素αをもつ。AB型のヒトは凝集原A，Bをともにもち，凝集素をもたない。O型のヒトは凝集原をもたず，凝集素α，βをともにもつ。

血液型	A型	B型	AB型	O型
抗原（凝集原）	A	B	A，B	なし
抗体（凝集素）	β	α	なし	α，β
凝集素αを含む血清に対する反応	＋	－	＋	－
凝集素βを含む血清に対する反応	－	＋	＋	－

＋：凝集する　　－：凝集しない

3　血液型が異なると輸血が難しいのは，これらの凝集原と凝集素の組合せにより，凝集反応が起こることがあるためである。

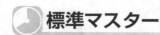 **標準マスター**　　　目標時間 **15分**

正誤判断

1 免疫とヒトとの関わりに関する下の問いに答えよ。

頻出!

☑ **問1**　免疫に関する記述として**誤っているもの**を，次の①〜⑤のうちから一つ選べ。
① ある抗原の侵入を受けたことのあるヒトが，それと同じ抗原に再び侵入されたときに起こす異常な反応を，アレルギーという。
② アレルギーを引き起こす抗原として働くものには，ほこり，花粉，食品，薬剤などがある。
③ アレルギーは免疫反応の低下によって引き起こされる。
④ 子どものころに，はしかにかかると，その後ほとんどかからない。
⑤ 輸血するときに血液型が問題となる理由の一つは，赤血球が凝集原をもっていることである。

☑ **問2**　血清療法と予防接種を説明する文として最も適当なものを，次の①〜⑥のうちからそれぞれ一つずつ選べ。ただし，同じものを繰り返し選んでもよい。
① 病原体をそのまま与え，これに対する抵抗力をつけさせる。
② 病原性を弱めた病原体や，弱毒化した毒素タンパク質を与え，これに対する抵抗力をつけさせる。
③ 他の動物などにあらかじめ抗体をつくらせ，これを与えて，病原体やその毒素の働きを抑える。
④ 病原体を攻撃する細胞の分裂を促進させることにより，病原体の増殖を妨げる。
⑤ 病原体と対抗する微生物を与えることにより，病原体の増殖を妨げる。
⑥ 微生物がつくる物質を用いて，病原菌を殺したり，その増殖を妨げたりする。

☑ **問3**　花粉症は，多くの人々を悩ませている現代病の一つである。花粉症に関する記述として適当なものを，次の①〜⑥のうちから二つ選べ。ただし，解答の順序は問わない。
① 花粉症は，ウイルスによって引き起こされる。
② 花粉症は，アレルギー反応の一種である。
③ 花粉症は，細菌感染の一種である。
④ 花粉症は，花粉が飛散する直前から発症する。
⑤ 花粉症は，花粉の成分に対する抗体が不足しているために起こる。
⑥ 花粉症は，花粉との接触を防ぐと症状が軽減できる。

考察◇◇

2　本来は，外界からの異物を攻撃する免疫反応が，自分自身の正常な細胞や組織に対して過剰に反応し，攻撃してしまう疾患を(a)自己免疫疾患という。自己免疫疾患の一つに，関節にある滑膜などの細胞が標的となり，関節が炎症を起こしたり変形したりする(b)関節リウマチがある。

　細胞からは，サイトカインとよばれる種類のタンパク質が複数種類分泌されており，他の細胞に情報を伝える役割を担っている。サイトカインはからだにとって必要な物質だが，関節リウマチを起こしている関節の滑膜は異常に増殖して，炎症を引き起こすサイトカインを異常に多く分泌している。

☑ **問1**　文章中の下線部(a)について，以下の症状が自己免疫疾患によって引き起こされたと仮定したとき，その症状と攻撃されている器官・組織の組合せとして**誤っているもの**を，次の①〜⑤のうちから一つ選べ。

	症状	器官
①	血液中のカリウム・ナトリウム濃度の異常	副腎皮質
②	血液中のカルシウム濃度の低下	副甲状腺
③	多　尿	脳下垂体後葉
④	タンパク質やアミノ酸を含んだ尿を排出	肝　臓
⑤	代謝の減退	甲状腺

☑ **問2**　文章中の下線部(b)について，関節リウマチの症状を抑えられる可能性がある処置として**誤っているもの**を，次の①〜④のうちから一つ選べ。
① 炎症を引き起こすサイトカインの働きを直接抑える薬を用いる。
② 炎症を抑える効果のある薬を用いる。
③ 免疫反応を強める効果のある薬を用いる。
④ 関節の滑膜の増殖部分を切除する手術を行う。

⏱ 実戦クリアー

1　サヤカとタツミは，肝臓の疾患の一つである肝硬変についてインターネットで調べ，その情報を見ながら議論を行った。

インターネットから得られた情報

・肝臓がんに進展する可能性の高い「肝硬変」は肝細胞が破壊され，肝臓の機能が障害される疾患である。

・現在，肝硬変の原因の 74％は肝臓がウイルスに感染することで炎症が起こり，それが慢性化することで生じるウイルス性のものであるが，非ウイルス性の肝硬変もあり，その場合の原因と割合は図1の通りである。

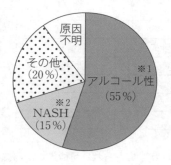

※1　アルコール性：アルコール飲料の過剰摂取により，肝細胞に脂肪が蓄積することが原因となり，脂肪肝から肝硬変へと悪化するもの。

※2　NASH（非アルコール性脂肪性肝炎）：アルコール飲料をあまり摂取していないにもかかわらず肝細胞に脂肪が蓄積することが原因となり，脂肪肝から肝硬変へと悪化するもの。肥満のヒトにみられることが多い。

図　1

サヤカ：肝臓の疾患は，日本人の死因の上位にランクしているから，肝硬変を予防することはとても大切だと思う。(a)肝硬変の多くはウイルス性の肝炎が原因だから，ウイルスの感染の予防は効果がありそうだね。

タツミ：NASH も肝硬変の原因だけど，これは生活習慣の改善が効果的だと思う。たとえば，脂肪肝のヒトのうち 10％が，NASH が原因の肝硬変になると仮定してみよう。運動や食事の改善によって脂肪肝のヒトが今より　ア　％減少するなら，脂肪肝のヒトのうち NASH が原因の肝硬変になるヒトを 10％から 7％にすることができるよ。

サヤカ：あと，肝硬変の原因の1つには，アルコール摂取が含まれるから，もし日本全体でアルコール飲料を摂取するヒトが今より半分になれば，肝硬変になるヒトの合計が，今よりも　イ　％くらい減ることになるよ。

☑ **問1** 文章中の下線部(a)に関する記述として最も適当なものを，次の①～④のうちから一つ選べ。

① 肝細胞内に侵入したウイルスを攻撃するのは，B細胞が変化して生じた抗体産生細胞である。

② 肝細胞は肝炎の原因となるウイルスを食作用によって取り込み，消化・分解する。

③ ウイルスの感染を防ぐために，あらかじめ血清療法で予防することが可能である。

④ 肝硬変が進むと，血液中のアンモニア濃度が増加することがある。

☑ **問2** 上の文章中の ア ・ イ に入る値の組合せとして最も適当なものを，次の①～⑨のうちから一つ選べ。

	ア	イ
①	3	7
②	3	20
③	3	28
④	10	7
⑤	10	20
⑥	10	28
⑦	30	7
⑧	30	20
⑨	30	28

11 植生

赤シートCHECK!

☑ **11-1** CHECK

・植生…ある地域に生育している植物全体。

森林	木本植物が優占種である植生。
草原	草本植物が優占種である植生。少数の低木がみられる場合もある。
荒原	環境条件が厳しく，特定の植物がまばらに生育する植生。

・相観…植生の外観。

・優占種…植生の中で数が多く，最も占有空間の大きい植物種。相観を決定づける。

☑ **11-2** CHECK

・階層構造…発達した森林でみられる垂直的な構造。上から順に，高木層，亜高木層，低木層，草本層，地表層(コケ層)，地中層とよばれる。

☑ **11-3** **11-4** CHECK

・光補償点…光合成による二酸化炭素吸収速度と，呼吸による二酸化炭素放出速度が等しくなる光の強さ。

・光飽和点…光合成速度がそれ以上増加しなくなる光の強さ。

・陽生植物と陰生植物の特徴をまとめると次のようになる。

	光補償点	呼吸速度	光飽和点	最大光合成速度
陽生植物	高い	大きい	高い	大きい
陰生植物	低い	小さい	低い	小さい

☑ **11-5** CHECK

・土壌の層構造は，次のようになっている。

落葉・落枝の層 (落葉分解層)	落葉・落枝や生物の遺体などがみられる最上部の層。
腐植土層 (腐植層)	落葉・落枝や生物の遺体などが，ミミズなどの土壌動物や微生物によって分解されてできた有機物(腐植)に富む層。
岩石が 風化した層	岩石が風化した母材からなる層。
岩石の層	土壌のおもな構成成分となる岩石(母岩)の層。

11-1 植生

1 ある地域に生育している植物全体を植生という[*1]。

2 植生の外観を相観という。植生の中で数が多く，最も占有空間の大きい植物種を優占種といい，相観は優占種によって決定づけられる。

3 植生を構成する植物種は，茎や根があまり発達していない**草本植物**(いわゆる「草」)と，茎や根が発達している**木本植物**(いわゆる「木」)に分けることができる。

① 草本植物は，発芽してから枯死するまでの期間によって，次のように分類される。

一年生草本 (一年生植物)	発芽後1年以内に成長～開花・結実～枯死する草本。秋に発芽して越冬するものをとくに**越年生草本**という。
多年生草本 (多年生植物)	発芽後2年以上生存する草本。冬に地上部が枯死しても，地下部(根や地下茎)が生き残る。

② 木本植物は，葉の形状や落葉の有無から，次のように分類される。

葉の形状	**針葉樹**	針状の葉をもつ樹木。
	広葉樹	広く平たい葉をもつ樹木。
落葉の有無	**常緑樹**	1年中，緑葉をつける樹木。
	落葉樹	1年のうち，特定の季節に落葉する樹木。

4 植生は，その相観から森林，草原，荒原に大別される。

森林	木本植物が優占種である植生。
草原	草本植物が優占種である植生。少数の低木がみられる場合もある。
荒原	環境条件が厳しく，特定の植物がまばらに生育する植生。

[*1] 公園の緑地など，人工的につくられた植物の集まりも植生の1つである。

11-2　森林の階層構造

1　発達した森林では，上から<u>高木層</u>，<u>亜高木層</u>，<u>低木層</u>，<u>草本層</u>，<u>地表層（コケ層）</u>，<u>地中層</u>といった，垂直的な<u>階層構造</u>がみられる。

2　森林の最上部にあって，茂った葉がつながり森林の表面を覆っている部分を<u>林冠</u>，森林の地表面を<u>林床</u>という。

3　森林では，林冠が光をさえぎっており，林床に近くなるほど届く光の量が少なくなる。そのため，発達した森林内は非常に暗い[*2]。

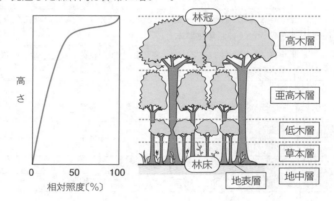

4　階層構造は，樹木の種類が多い熱帯多雨林や照葉樹林で発達し，樹木の種類が少ない針葉樹林ではあまり発達していないことが多い[*3]。

[*2]　夏緑樹林の場合，高木が落葉する冬の森林内は夏に比べて明るくなる。

[*3]　樹木の種類が少ないため，熱帯多雨林や照葉樹林に比べて針葉樹林では，生息する生物の種類も少なくなる。

11-3 光合成曲線

1 植物は，光合成によって二酸化炭素（CO_2）を吸収し，酸素（O_2）を放出する。また，植物は，光合成と同時に呼吸によって O_2 を吸収し，CO_2 を放出する。単位時間あたりの光合成量を<u>光合成速度</u>，呼吸量を<u>呼吸速度</u>といい，CO_2 吸収速度で表される。

2 CO_2 吸収速度を測定すると，光合成による CO_2 吸収速度（光合成速度）から呼吸による CO_2 放出速度（呼吸速度）[4] を差し引いた値が測定される。これを<u>見かけの光合成速度</u>という。

> 見かけの光合成速度＝光合成速度−呼吸速度

3 植物にさまざまな強さの光を当てたときの CO_2 吸収速度を示した**光合成曲線**（**光−光合成曲線**）は次のようになる。

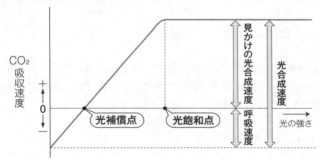

4 光を強くしていくと，光合成による CO_2 吸収速度と，呼吸による CO_2 放出速度が等しくなる。このときの光の強さを<u>光補償点</u>という。光補償点より弱い光の強さでは，呼吸速度が光合成速度を上回る。

5 光をさらに強くしていくと，光合成速度はそれ以上増加しなくなる。このときの光の強さを<u>光飽和点</u>という[5]。

---

[4] 光の強さが 0（＝光が当たっていない）のときは，呼吸のみが行われる。よって，このときの CO_2 放出速度が呼吸速度である。

[5] 光飽和点に達し，それ以上光を強くしても光合成速度が増加しなくなった状態を**光飽和**という。

11-4　陽生植物と陰生植物

1　比較的強い光の下（日なた）で生育し，比較的弱い光の下（日陰）では生育できない植物を<u>陽生植物</u>，日陰でも生育できる植物を<u>陰生植物</u>という[6]。陽生植物のうち木本であるものを<u>陽樹</u>，陰生植物のうち木本であるものを<u>陰樹</u>という。

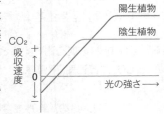

2　陽生植物は，陰生植物よりも最大光合成速度が大きいため，強光下で有利に生育できる。しかし，森林内のような弱光下では，光補償点の低い陰生植物の方が有利に生育できる（陰生植物は耐陰性[7]が高い）。

	光補償点	呼吸速度	光飽和点	最大光合成速度
陽生植物	高い	大きい	高い	大きい
陰生植物	低い	小さい	低い	小さい

3　同じ植物体の中でも，光のよく当たる部分で生育した葉は<u>陽葉</u>とよばれる厚い葉となり，あまり光の当たらない部分で生育した葉は<u>陰葉</u>とよばれる薄い葉となる[8]。陽葉は陽生植物のような，陰葉は陰生植物のような特徴をもっている。

4　陽樹と陰樹の例を次に挙げる。

陽樹	コナラ，クロマツ，クヌギ，アカマツ
陰樹	タブノキ，アラカシ，スダジイ，クスノキ

[6]　陽生植物，陰生植物といった分類は絶対的なものではなく，相対的なものである。そのため，同じ植物であっても，比較する植物によって陽生植物的とされることもあれば，陰生植物的とされることもある。

[7]　耐陰性とは，植物が弱光下でも生育できる性質のことである。

[8]　陽葉は厚くて小さいことが多く，陰葉は薄くて大きいことが多い。

11-5　土壌

1　地球の最表層にあって，岩石やその風化物などの無機物と，生物の遺体やその分解物などの有機物からなる層を<u>土壌</u>という。

2　土壌の層構造は，次のようになっている。

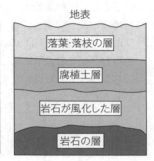

地表

落葉・落枝の層 （落葉分解層）	落葉・落枝や生物の遺体などがみられる最上部の層。
腐植土層 （腐植層）	落葉・落枝や生物の遺体などが，ミミズなどの土壌動物や微生物によって分解されてできた有機物（**腐植**）に富む層。
岩石が 風化した層	岩石が風化した**母材**からなる層。
岩石の層	土壌のおもな構成成分となる岩石（**母岩**）の層。

3　土壌中には水や養分が蓄えられていて，植物の生育を支えている。森林は落葉・落枝や生物の遺体が多いため，土壌が発達している[*9]。一方，草原では土壌の層構造はあまり発達していない。また，荒原では落葉・落枝の層や腐植土層がほとんどみられない。

4　風化して細かくなった岩石と腐植がまとまって，粒状の構造になったものを団粒構造という。団粒構造の発達した土壌は，保水性や通気性，透水性がよい。そのため，植物の根はおもに，団粒構造の発達した有機物に富む層に形成される。

11-6　生活形

1　生物は生活様式を反映しさまざまな形態をもち，これを類型化したものは<u>生活形</u>とよばれる。ラウンケルは，冬季や乾季など生育に不適な時期を過ごすために形成される**休眠芽（冬芽）**の位置に着目し，植物の生活形を分類した。

2　温暖な環境では，休眠芽が高い位置にあり，葉を展開して多くの光を受けることができる地上植物が多くなる。一方，寒冷な環境では，休眠芽が比較的暖かい雪の下や地中に存在する半地中植物や地中植物が多くなる。また，乾燥した環境では，種子の形で乾燥に耐える一年生植物が多くなる傾向がある。

＊9　熱帯多雨林では，気温が高いために土壌中の有機物の分解速度が大きい。そのため，落葉・落枝の層や腐植土層が非常に薄く，土壌動物が少ない。また，熱帯多雨林を一度伐採すると，大雨などによって土壌が流出して，森林が回復しにくくなる。一方，照葉樹林や夏緑樹林の分布する温帯地方では，落葉・落枝の層や腐植土層が厚く，土壌動物が多い。

標準マスター

目標時間
10分

考察 ∞∞

1　ある種の植物を十分に高い二酸化炭素濃度のもとで，5℃，15℃，25℃，または35℃
に保温し，照射する光の強さを変えて二酸化炭素吸収速度を測定した。測定の結果をま
とめると図1のようになった。また，各温度における ア を図1から求めて，グラ
フにまとめると，図2のようになった。同様に各温度における イ をグラフにまと
めると，図3のようになった。ただし，植物には水分などの光合成に必要な要素は十分
に与えられていたものとする。また，各温度における呼吸速度は光の強さによらず一定
であるものとする。

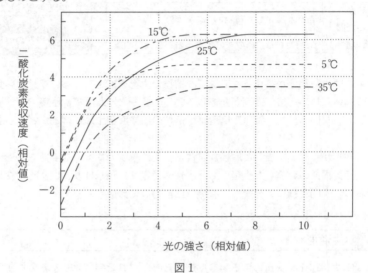

図1

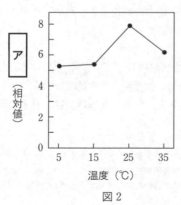

図2

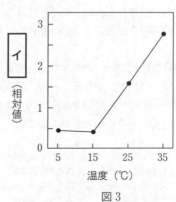

図3

頻出!

☑ **問1** この植物の光合成に関して、図1から考えられることの記述として**誤っているもの**を、次の⓪〜④のうちから一つ選べ。ただし、光の強さは0〜10の範囲とし、温度は5〜35℃の範囲で考えるものとする。

⓪ 十分に強い光が照射されているとき、15℃に保温した植物と25℃に保温した植物の光合成速度はほぼ等しい。

② 強さが3の光が照射されたとき、5℃に保温した植物と25℃に保温した植物の時間あたりの有機物の蓄積量はほぼ等しい。

③ 光の強さが1よりも小さいときは、温度の違いによって生じる二酸化炭素吸収速度の差は、呼吸速度の差にほぼ等しい。

④ 強さが0.5の光が照射されたとき、35℃に保温した植物では、呼吸による有機物の消費が光合成による生産を上回っている。

☑ **問2** 上の文章中、および図2・図3の中の ア ・ イ に入る語の組合せとして最も適当なものを、次の⓪〜⑧のうちから一つ選べ。ただし、図2や図3における相対値は図1のものと同じであることとする。

	ア	イ
⓪	最大光合成速度	光補償点
②	光補償点	呼吸速度
③	光飽和点	最大光合成速度
④	呼吸速度	光飽和点
⑤	最大光合成速度	光飽和点
⑥	光補償点	最大光合成速度
⑦	光飽和点	呼吸速度
⑧	呼吸速度	光補償点

12 遷移

赤シートCHECK

☑ **12-1** CHECK
- 遷移(植生遷移)…植生が時間の経過とともに移り変わっていくこと。土壌が形成されておらず，生物がまったく存在しない裸地から始まる遷移を一次遷移という。また，陸上から始まる遷移を乾性遷移，湖沼から始まる遷移を湿性遷移という。

☑ **12-2** CHECK
- 乾性遷移では，裸地，荒原，草原，低木林，先駆樹種(陽樹)の森林，混交林，陰樹林，の順に変化していく。
- 極相(クライマックス)…遷移の結果到達する安定した段階。

☑ **12-3** CHECK
- 先駆植物は，種子の分散能力が大きい(種子が軽く，風などで分散しやすい)ものが多い。
- 極相種は，種子の分散能力が小さい(種子が重く，風などで分散しにくい)ものが多い。

☑ **12-4** CHECK
- 湿性遷移では，沈水植物，浮葉植物，抽水植物の順に変化した後，湿原となり，やがて陸地化して草原となると，乾性遷移と同じ過程をたどる。

☑ **12-5** CHECK
- 二次遷移…ある時点まで存在していた植生が，山火事や伐採など何らかの作用で失われた跡地から始まる遷移。一次遷移に比べて遷移の進行が速い。

☑ **12-6** CHECK
- ギャップ…極相に達した森林の中で，倒木などによって林冠を欠く場所。この場所では林床にまで光が差し込むため，陽樹の種子が発芽・生育できるようになる。しかし，成長すると林床は再び暗くなるので，最終的に陽樹は陰樹に置き換わる。

12-1　遷移

1　植生は時間の経過とともに移り変わっていく。これを<u>遷移</u>(<u>植生遷移</u>)という。土壌が形成されておらず，生物がまったく存在しない裸地から始まる遷移を<u>一次遷移</u>という。また，陸上から始まる遷移を<u>乾性遷移</u>，湖沼から始まる遷移を<u>湿性遷移</u>という。

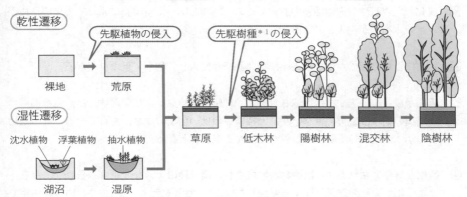

*1　先駆樹種は，陽樹である場合が多い。

12-2　乾性遷移の過程

1　土壌のない裸地に，高熱や乾燥に強く，水分や栄養分に乏しい場所でも生育できる先駆植物(パイオニア植物・先駆種)[2] が侵入する。

2　風化した岩石や，先駆植物の遺体やその分解物といった有機物によって土壌の形成が進み，草本植物が侵入して草原となる。

3　さらに土壌の形成が進むと**先駆樹種**(陽樹)が侵入し，やがて低木林となる。

4　陽樹が成長して陽樹林が形成されると，林床が暗くなる。この環境では，光補償点の高い陽樹の幼木は生育できないが，光補償点の低い陰樹の幼木は生育できる。そのため，陰樹の幼木が成長し，陽樹と陰樹が混在する混交林となる。

5　陽樹が寿命で枯れると，陰樹林が形成され，構成種に大きな変化はみられなくなる。このように，遷移の結果到達する安定した段階を極相(クライマックス)という。極相で多くみられる植物種を**極相種**(**極相樹種**)といい，極相に達した森林を極相林という。

6　植生を構成する植物の種類は，はじめのうちは遷移の進行に伴って増加する。しかし，樹木の侵入によって地表に届く光が減少すると，陽生植物が生育できなくなって植物の種類は減少する。また，森林となってからも，陽樹林から混交林へ遷移が進む際には樹種が増加するが，陰樹林(極相林)へと遷移が進むにつれて樹種は減少する。

12-3　先駆植物と極相種の特徴

1　先駆植物は，種子の分散能力が大きい(種子が軽く，風などで分散しやすい)ものが多い。

2　先駆植物は発達した根をもっていたり，根に窒素固定細菌を共生させたりする[3] ことで，水分や栄養分に乏しい場所でも生育できる。

3　極相種は，種子の分散能力が小さい(種子が重く，風などで分散しにくい)ものが多い。

---

[2]　先駆植物は，遷移の初期に侵入して定着する植物であり，**地衣類**(菌類と緑藻類やシアノバクテリアが共生したもの)やコケ植物，草本植物である場合が多い。
[3]　ヤシャブシなどのハンノキ類では，窒素固定細菌は根粒とよばれる根のふくらみに存在する。

12-4　湿性遷移の過程

1　湖沼に生物の遺体や土砂が堆積すると，クロモなどの沈水植物が繁茂し，堆積が進むにつれて，スイレンなどの浮葉植物→ヨシなどの抽水植物，の順に遷移が進む。

2　堆積がさらに進むと湿原となる。やがて陸地化して草原となり，乾性遷移と同じ過程で極相に至る。

12-5　一次遷移と二次遷移

1　土壌が形成されておらず，生物がまったく存在しない裸地から始まる一次遷移は，溶岩流跡や，大規模な土砂崩れ跡などから始まる。

2　ある時点まで存在していた植生が，山火事や伐採など何らかの作用で失われた跡地から始まる遷移を二次遷移という。二次遷移により形成された，陽樹中心の森林を二次林という。この森林は，やがて極相種に置き換わり，極相林となる。

3　二次遷移では，以前存在した植生のつくった土壌が残っており，植物の根や茎，種子が残っている場合も多い。また，伐採後の切り株には，新芽である萌芽がみられる。そのため，一次遷移に比べて遷移の進行が速い。

12-6　ギャップ

1　極相に達した森林の中で，倒木などによって林冠を欠く場所ができることがある。このような場所をギャップという。

2　大きなギャップでは林床にまで光が差し込むので，地中に埋もれていたり，飛来してきたりした陽樹の種子が発芽・生育できるようになる*⁴。陽樹が成長すると，林床は再び暗くなるので，最終的に陽樹は陰樹に置き換わる。

3　森林では，寿命による倒木や山火事などの自然災害によって絶えずギャップが生じている。そのため，部分的な遷移が繰り返され，森林はさまざまな種類の樹木によってモザイク状になっている。

＊4　小さなギャップでは林床に差し込む光が少ないため，陰樹の幼木が成長してギャップを埋める。

 **標準マスター**   目標時間
15分

 正誤判断 ◇◇

☑ 1 遷移に関する下の問いに答えよ。

頻出!

☑ **問1** 極相に達した森林にみられる低木層は，おもにどのような植物で構成されている
か。最も適当なものを，次の①～⑥のうちから一つ選べ。
① 陽樹の幼木と陽生植物
② 陽樹の幼木と陰生植物
③ 陽樹および陰樹の幼木と陽生植物
④ 陽樹および陰樹の幼木と陰生植物
⑤ 陰樹の幼木と陽生植物
⑥ 陰樹の幼木と陰生植物

☑ **問2** 極相に達した森林で，高木や亜高木が枯れたり倒れたりして，低木層の植物が強
い光を受けるようになった場合，どのようなことが起こると考えられるか。最も適当
なものを，次の①～④のうちから一つ選べ。
① 低木層の植物のうち，陽樹の幼木のみが急速に成長を始める。
② 低木層の植物のうち，高木および亜高木の幼木が急速に成長を始める。
③ 低木層の陰樹は枯れ，地中に埋もれていた高木層の植物の種子が発芽し，成長す
る。
④ 低木層の多くの植物が種子をつけ，その芽生えが急速に成長する。

☑ **問3** 極相林の特徴に関する記述として**誤っているもの**を，次の①～⑥のうちから二つ
選べ。ただし，解答の順序は問わない。
① 森林の高さは遷移の途中に比べて高く，照葉樹林などでは4～5層の階層が発達
する。
② 林床には極相種の芽生えや幼木が存在する。
③ 林床が暗く，そこに生活する植物は耐陰性をもち，光補償点も高い。
④ 植物の種類の組成はほぼ一定に維持される。
⑤ 植物の種類は大きく変動しないが，森林を構成する個体は交代していて，繁殖に
よる個体の増加と枯死による減少とがほぼつり合っている。
⑥ 老木の枯死や風害などで林冠に大きな穴（ギャップ）が開くと，先駆種が侵入して
一次遷移が起こり，部分的再生を繰り返している。

☑ **問4** 一次遷移に伴って，土壌環境はどのように変化すると考えられるか。最も適当なものを，次の①〜④のうちから一つ選べ。

① 土壌が次第に乾燥化した。
② 腐植や栄養塩類が多くなった。
③ 砂の層が次第に厚くなった。
④ 地表面に水たまりができてきた。

考察 ◇◇

2 極相林の森林内では，台風・山火事・森林伐採などにより(a)ギャップが生じることがある。一般的に，ギャップが小さいと ア の幼木が育ち，ギャップが十分に大きいと イ が生育してギャップを埋める。ギャップが生じることのない環境を仮定した場合，遷移の進行に伴って，はじめのうちは植生を構成する植物の種数は増加するが，遷移が進行し極相林に近づくと，森林内の植物の種類は減少する。しかし，極相に達した実際の森林を広い範囲で眺めると，森林内にはさまざまな大きさのギャップが存在するため，その森林の構成種は，ギャップがない極相林のみからなる森林よりも ウ 。

☑ **問1** 下線部(a)について，極相に達した森林に，倒木によるギャップとみられる植生があるとする。このギャップが生じた年代を推定する方法ⓐ〜ⓒのうち，正しい記述の組合せを，下の①〜⑦のうちから一つ選べ。なお，このギャップが生じて以降，この地域に土砂災害や異常気象は観察されていないものとする。

ⓐ ギャップに隣接する場所に生えている樹木の年代別成長速度を調べる。
ⓑ ギャップ内に陰樹の幼木が見られる場合，その幼木の樹齢を調べる。
ⓒ ギャップ内の遷移段階を調べる。

① ⓐ　　　② ⓑ　　　③ ⓒ　　　④ ⓐ，ⓑ
⑤ ⓐ，ⓒ　　⑥ ⓑ，ⓒ　　⑦ ⓐ，ⓑ，ⓒ

☑ **問2** 文章中の ア 〜 ウ に入る語の組み合わせとして最も適当なものを，次の①〜④うちから一つ選べ。

	ア	イ	ウ
①	陽　樹	陰　樹	多　い
②	陽　樹	陰　樹	少ない
③	陰　樹	陽　樹	多　い
④	陰　樹	陽　樹	少ない

13 バイオーム

赤シートCHECK

☑ **13-1** CHECK

・バイオーム(生物群系)…ある地域の植生と，そこに生息する動物，菌類，細菌などを含めたすべての生物の集まり。相観によって分類され，気温と降水量の違いによって変化する。

☑ **13-2** **13-3** **13-4** CHECK

	熱帯多雨林	・高温多雨な熱帯に分布。
	亜熱帯多雨林	・熱帯よりもやや緯度の高い亜熱帯に分布。
森林	雨緑樹林	・雨季と乾季が繰り返される熱帯・亜熱帯に分布。 ・雨季に葉をつけ，乾季に落葉する。
	硬葉樹林	・冬に降水量が多く，夏に乾燥する地中海沿岸などに分布。 ・硬くて小さい葉をつける。
	照葉樹林	・気温が比較的高い暖温帯に分布。 ・表面に光沢のみられる葉をつける。
	夏緑樹林	・気温が比較的低い冷温帯に分布。 ・夏に葉をつけ，冬に落葉する。
	針葉樹林	・亜寒帯に分布。 ・耐寒性の高い常緑針葉樹。
草原	サバンナ	・気温が高い熱帯・亜熱帯に分布。 ・イネ科の草原に木本植物が点在。
	ステップ	・気温が比較的低い温帯に分布。 ・イネ科の草原。
荒原	ツンドラ	・気温が極端に低い地域に分布。 ・永久凍土がみられる。
	砂漠	・降水量が極端に少ない地域に分布。 ・乾燥に適応した植物がみられる。

☑ **13-5** CHECK

・水平分布…緯度に応じた水平方向のバイオームの分布。
・垂直分布…高度に応じた垂直方向のバイオームの分布。

13-1 バイオームと気候

1 ある地域の植生と，そこに生息する動物，菌類，細菌などを含めたすべての生物の集まりを<u>バイオーム</u>（<u>生物群系</u>）という[*1]。

2 バイオームは相観によって分類され，<u>気温</u>と<u>降水量</u>の違いによって次図のように変化する。降水量が十分にある地域では森林が成立するが，降水量が少なかったり気温が低かったりする地域では，遷移が森林まで進行せずに草原や荒原となる。

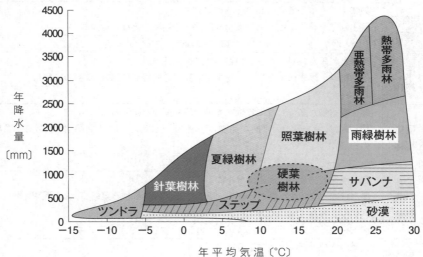

[*1] 一般に，生物の種類は高緯度地方にいくほど少なくなる。これを生物多様性の緯度勾配という。

13-2　森林のバイオーム

❶　降水量が十分にある地域では，植生は森林となる。気温が高い方から順に，**熱帯多雨林，亜熱帯多雨林**＊2，**照葉樹林，夏緑樹林，針葉樹林**へと連続的に変化する。

熱帯 **多雨林**	・高温多雨な熱帯に分布。 ・優占種は常緑広葉樹。植物の種類が豊富で，森林の階層構造が発達している。昆虫や爬虫類，両生類の種類も豊富である。
	例：フタバガキ類，つる植物＊3，着生植物＊4
亜熱帯 **多雨林**	・熱帯よりもやや緯度の高い亜熱帯に分布。 ・優占種は常緑広葉樹。熱帯多雨林に比べると植物の種類は少ない。
	例：シイ類，カシ類，木生シダ類（ヘゴなど），ガジュマル
雨緑 **樹林**	・雨季と乾季が繰り返される熱帯・亜熱帯に分布。 ・優占種は，雨季に葉をつけ，乾季に落葉する雨緑樹（落葉広葉樹の一種）。
	例：チーク
硬葉 **樹林**	・冬に降水量が多く，夏に乾燥する地中海沿岸などに分布。 ・優占種は，クチクラ＊5層が発達し，硬くて小さい葉をつける硬葉樹（常緑広葉樹の一種）。
	例：オリーブ，コルクガシ，ゲッケイジュ，ユーカリ
照葉 **樹林**	・気温が比較的高い暖温帯に分布。 ・優占種は，クチクラ層が発達し，表面に光沢のみられる葉をつける照葉樹（常緑広葉樹の一種）。
	例：シイ類（スダジイ），カシ類（アラカシ），タブノキ，クスノキ
夏緑 **樹林**	・気温が比較的低い冷温帯に分布。 ・優占種は，夏に葉をつけ，冬に落葉する夏緑樹（落葉広葉樹の一種）。
	例：ブナ，ミズナラ，カエデ
針葉 **樹林**	・亜寒帯に分布。 ・優占種は，耐寒性の高い常緑針葉樹。
	例：トウヒ類（エゾマツ），モミ類（トドマツ，シラビソ）

＊2　熱帯多雨林や亜熱帯多雨林の河口付近では，**マングローブ**（ヒルギ類などの総称）の林がみられる。マングローブは耐塩性が高く，海水でも生育できるという特徴をもつ。

＊3　つる植物とは，アサガオ，ブドウなどのように他の植物に巻きついたり寄りかかったりして生育する植物の総称である。

＊4　着生植物とは，他の植物や岩石など，土壌以外に根を付着させる植物の総称である。地衣類やコケ植物，シダ植物，ラン科の植物などに多い。

＊5　クチクラとは，植物の体表を覆う細胞の外表面にみられる，硬い膜状の構造である。水分の蒸発を防ぐ役割をもつため，硬葉樹は乾燥に適応している。

13-3 草原のバイオーム

1 降水量が少ない地域では，植生は草原となる。気温が高い熱帯・亜熱帯では<u>サバンナ</u>が，気温が比較的低い温帯では<u>ステップ</u>が形成される。

サバンナ	・気温が高い熱帯・亜熱帯に分布。 ・イネ科の草原に木本植物が点在。
ステップ	・気温が比較的低い温帯に分布。 ・イネ科の草原で，木本植物はほとんどみられない。

13-4 荒原のバイオーム

1 気温が極端に低い，または降水量が極端に少ない地域では，植生は荒原となる。気温が極端に低い地域では<u>ツンドラ</u>が，降水量が極端に少ない地域では<u>砂漠</u>が形成される。

ツンドラ	・気温が極端に低い地域に分布。永久凍土がみられる。 ・大形の哺乳類が生息し，爬虫類や両生類はほとんどみられない。
	例：草本植物，地衣類，コケ植物
砂漠	・降水量が極端に少ない地域に分布。 ・乾燥に適応した植物がみられる。高温を避けるために夜行性の動物が多い。
	例：多肉植物(サボテン類など)，一年生草本

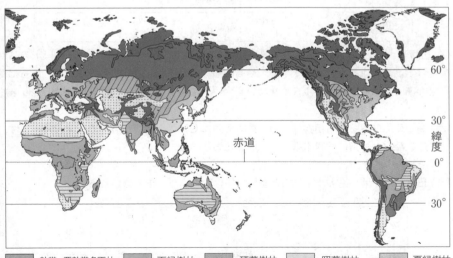

13-5 　日本のバイオーム

1　日本では，降水量が十分にあるので，極端な高地など
を除けば森林が極相となる。

■ 針葉樹林
□ 夏緑樹林
□ 照葉樹林
■ 亜熱帯多雨林

2　緯度に応じた水平方向のバイオームの分布を<u>水平分布</u>
という。日本は南北の気温差によって4つに分けられる。

針葉樹林	北海道東北部，本州中部の亜高山帯
夏緑樹林	北海道南西部，東北地方
照葉樹林	本州中部，四国，九州
亜熱帯多雨林	沖縄

3　高度に応じた垂直方向のバイオームの分布を<u>垂直分布</u>という。高度が高くなると気温
は低下（100 m ごとに 0.5〜0.6℃）し，その気温差によってバイオームも異なる。

海抜 (m)	分布帯		植物例
（森林限界）− 2500	高山帯	高山草原 （お花畑）	低木（ハイマツ・コケモモ） 草本植物（コマクサ）
1500	亜高山帯	針葉樹林	シラビソ・コメツガ
700	山地帯	夏緑樹林	ブナ・ミズナラ
	丘陵帯 （低地帯）	照葉樹林	シイ類（スダジイ）・カシ類（アラカシ） クスノキ・タブノキ

①　亜高山帯の上限（本州中部では海抜約 2500 m）は<u>森林限界</u>とよばれ，これ以上の高度
では，高木の森林が存在せず，低木や高山植物の草原（**高山草原**）がみられる。さらに高
度が高くなると，高木が生育できない<u>高木限界</u>に達する（本州中部では海抜約 2600 m）。

②　高山草原にみられる植物は，短い夏季の間にだけ花を咲かせるため，開花時期には，
多くの植物が一斉に開花する。これを**お花畑**という。

4　日本のバイオームの水平分布と垂直分布は次のようにまとめられる。

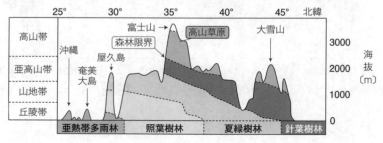

13-6 暖かさの指数

1 バイオームの変化は，降水量が一定であれば，気温の変化によって表すことができる。バイオームと気温の関係を表す指標としては，暖かさの指数(WI。Warmth Index)がよく用いられる。

2 暖かさの指数は，1年間のうちで平均気温が5℃を超える月について，平均気温から5℃をひいた値を積算した値である[*6]。

3 暖かさの指数(WI)とバイオームの関係は次図のようになる。降水量が十分にある日本では，15＜WI≦45の地域では針葉樹林が，45＜WI≦85の地域では夏緑樹林が，85＜WI≦180の地域では照葉樹林が，180＜WI≦240の地域では亜熱帯多雨林が形成される。

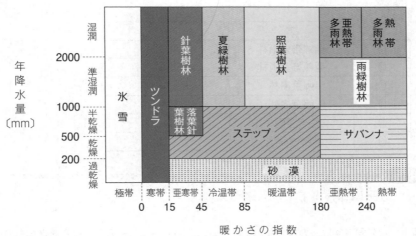

[*6] 植物の生育に適する下限の気温を5℃と経験的にみなしている。

⏰ 標準マスター

✏️**用 語** ◇◇

1 沖縄から北海道までは約3,000kmの距離があり，気候の相違によってさまざまなバイオームが発達している。たとえば，沖縄に分布するバイオームは　**ア**　なのに対して，北海道には，夏緑樹林や針葉樹林が分布している。また，中部地方では2,000mを越える山脈が連なっていて，南から北への水平分布と同じように，低地から高山まで垂直的なバイオームの移り変わりをみることができる。中部地方や東北地方の亜高山帯には，一般に，　**イ**　が分布しており，シラビソはその主要な構成種の一つである。

頻出!

☑ **問1**　上の文章中の　**ア**　・　**イ**　に入る語の組合せとして最も適当なものを，次の①〜⑥のうちから一つ選べ。

	ア	イ
①	亜熱帯多雨林	夏緑樹林
②	亜熱帯多雨林	針葉樹林
③	照葉樹林	夏緑樹林
④	照葉樹林	針葉樹林
⑤	熱帯多雨林	夏緑樹林
⑥	熱帯多雨林	針葉樹林

✏️**用 語** ◇◇

2 バイオームに関する下の問いに答えよ。

頻出!

☑ **問1**　次の@〜©はどのようなバイオームについて述べたものか。最も適当なものを，下の①〜⑦のうちからそれぞれ一つずつ選べ。

@　秋から冬に枯れ落ちた広葉が土壌有機物のおもな供給源である。昆虫・ヤスデなどさまざまな節足動物やミミズがこのバイオームにおける主要な土壌動物である。

ⓑ　限られた種類の低木や，コケ植物，地衣類などが優占するバイオームである。低温のため，土壌有機物の分解速度がきわめて遅い。

©　きわめて多種類の植物が繁茂している。土壌有機物の分解速度が速く，また生じた無機物は速やかに植物に吸収される。

① ツンドラ　　② 砂 漠　　③ ステップ　　④ 夏緑樹林
⑤ サバンナ　　⑥ 熱帯多雨林　　⑦ 硬葉樹林

正誤判断 ◇◇◇

3 草原に関する下の問いに答えよ。

☑ **問1** 草原に関する記述として最も適当なものを，次の①～④のうちから一つ選べ。
① 放牧や定期的な草刈りによって人為的に成立する草原を高山草原という。
② サバンナは，気温が低い地域で極相として成立する草原である。
③ ステップは，降水量が少ない地域で極相として成立する草原である。
④ わが国の高山草原は，降水量が少なく森林が成立しない地域に限ってみられる。

考察 ◇◇◇

4 図1に関する下の問いに答えよ。

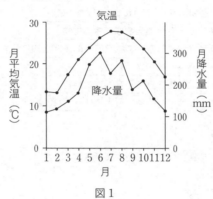

図1

☑ **問1** 遷移の最終段階を極相というが，図1のような気候の地域では下記のどれがそれに相当するか。最も適当なものを，次の①～⑥のうちから一つ選べ。
① 熱帯多雨林　　② 針葉樹林　　③ 夏緑樹林
④ 照葉樹林　　　⑤ サバンナ　　⑥ ステップ

14 生態系と生物の多様性

赤シートCHECK!

☑ **14-1** CHECK

・環境…生物を取り巻き，生物に影響を与える外界。
・生物的環境…同種や異種の生物からなる環境。
・非生物的環境…光，大気，水，土壌などからなる環境。
・生態系…生物と非生物的環境を1つのまとまりとして捉えたもの。
・作用…非生物的環境が生物に働きかけて影響を及ぼすこと。
・環境形成作用（反作用）…生物が非生物的環境に働きかけて影響を及ぼすこと。
・生態系を構成する生物は次のように分けられる。

生産者		無機物から有機物を合成できる生物。
消費者		生産者が合成した有機物を直接的・間接的に利用する生物。
	一次消費者	植物を食べる植物食性動物。
	二次消費者	植物食性動物を食べる動物食性動物。
	分解者	生物の枯死体や遺体，排出物（中の有機物）を分解する生物。

☑ **14-2** CHECK

・種多様性…ある生態系を構成する生物の種の多様さ。

☑ **14-3** CHECK

・食物連鎖…生物が，食う（捕食）－食われる（被食）の関係によって，鎖のように連続的につながったもの。
・食物網…実際の生態系において，食う－食われるの関係が網目状になったもの。

☑ **14-4** CHECK

・栄養段階…生物を栄養のとり方によって段階的に分けたもの。
・生態ピラミッド…さまざまな指標について栄養段階ごとに調べ，栄養段階の低いものから高いものへと順に積み重ねて図示したもの。

☑ **14-6** CHECK

・間接効果…ある2種の間の関係性が，2種以外の他種の動向によって影響を受けること。
・キーストーン種…比較的少ない個体数で広範囲に間接効果を及ぼすことで，生態系のバランスを保つ要（かなめ）の役割を果たしている生物種。

14-1　生態系とその構造

1　生物を取り巻き，生物に影響を与える外界を<u>環境</u>とよび，環境を構成する要素を<u>環境要因</u>という[*1]。

2　環境には，同種や異種の生物からなる<u>生物的環境</u>と，光，大気，水，土壌などからなる<u>非生物的環境</u>がある。

3　生物と非生物的環境を1つのまとまりとして捉えたものを<u>生態系</u>という。

4　非生物的環境が生物に働きかけて影響を及ぼすことを<u>作用</u>，生物が非生物的環境に働きかけて影響を及ぼすことを<u>環境形成作用（反作用）</u>という。

5　たとえば，日照時間が植物の成長に影響を与えることは<u>作用</u>の例である。また，森林において，成長した高木が光をさえぎり，林床が暗くなることは<u>環境形成作用</u>の例である。

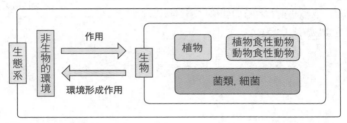

6　生態系を構成する生物は，無機物から有機物を合成できる<u>生産者</u>と，生産者が合成した有機物を利用する<u>消費者</u>に大別される。消費者のうち，植物食性動物は<u>一次消費者</u>，動物食性動物は<u>二次消費者</u>とよばれる[*2]。また，有機物を無機物に分解する過程に関わる生物は，とくに<u>分解者</u>とよばれる。

生産者	無機物から有機物を合成できる生物。植物などの独立栄養生物。
消費者	生産者が合成した有機物を直接的・間接的に利用する生物。動物などの従属栄養生物。
一次消費者	植物を食べる植物食性動物。
二次消費者	植物食性動物を食べる動物食性動物。
分解者	生物の枯死体や遺体，排出物（中の有機物）を分解する生物。菌類，細菌など。

*1　たとえば，他の生物，気候，土壌などが環境要因にあたる。
*2　二次消費者を食べる三次消費者，三次消費者を食べる四次消費者…，といったように，より高次の消費者が存在する場合もある。

14-2 生物の多様性

1 地球上にはさまざまな環境があり，それぞれに生態系が形作られ，環境に応じた多彩な特徴をもつ生物が生息している。ある生態系を構成する生物の多様性を**生物多様性**という。

2 その中で，その生態系を構成する生物の種の多様さを種多様性という。

14-3 食物連鎖と食物網

1 生物は，食う（捕食）－食われる（被食）の関係によって，鎖のように連続的につながっており，これを食物連鎖という。食物連鎖が生物の遺体などから始まる場合を，とくに**腐食連鎖**という。

2 実際の生態系では，1種類の生物が複数の生物に捕食されるなど，食う－食われるの関係は網目状になっており，これを食物網という。

14-4 生態ピラミッド

1 生物を，栄養のとり方によって段階的に分けたものを<u>栄養段階</u>という。さまざまな指標について栄養段階ごとに調べ，栄養段階の低いものから高いものへと順に積み重ねて図示したものを，<u>生態ピラミッド</u>という。

2 生態ピラミッドは，一般に栄養段階の低いものほど値が大きくなるので，その形状はピラミッド型となる[*3]。

個体数 ピラミッド	・単位面積あたりの個体数を示したもの。 ・一般に，捕食者より被食者の数の方が多いので，ピラミッド型となる。
生物量 ピラミッド	・単位面積あたりの生物体の総量（生物量[*4]）を示したもの。 ・一般に，捕食者より被食者の生物量の方が多いので，ピラミッド型となる。

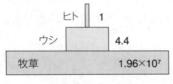

個体数ピラミッド

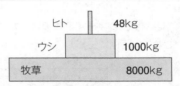

生物量ピラミッド

[*3] たとえば，植物プランクトンを動物プランクトンが食べる場合には，ピラミッドの形は逆転することがある。植物プランクトンは1世代の期間が非常に短いので，一時的に捕食者である動物プランクトンより個体数や生物量が少なくなることがあるためである。しかし，植物プランクトンの増殖速度は速いため，食べ尽くされてしまうことはない。

[*4] 生物量は現存量（バイオマス）と表されることもある。

14-5 水界生態系

1 森林や草原などの陸上生態系に対して，水中の生態系を水界生態系という。水界生態系には，湖沼生態系(淡水)や海洋生態系(海水)などがある。

2 水界生態系における生産者は植物プランクトン*5や水生植物であり，消費者は動物プランクトンや魚類，分解者は水中や土壌中の菌類，細菌である。

3 水中では，深さが深くなるにつれて届く光の量が減少していく*6。生産者の光合成速度と呼吸速度が等しくなる深さを**補償深度**という。補償深度より浅い生産層では，光合成速度が呼吸速度を上回る。補償深度より深い分解層では，呼吸速度が光合成速度を上回る。

4 海洋は大陸棚の存在する浅海と，水深の深い外洋に分けられる。海洋生態系では，多くの生物が大陸棚に生息している。

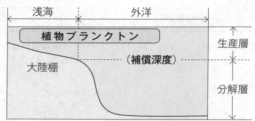

---

*5 プランクトンとは，水中で浮遊生活をするものの総称である。光合成を行うものを植物プランクトン，光合成を行わないものを動物プランクトンという。

*6 光の量だけでなく，温度や酸素，栄養塩類などの量も深さによって異なる。栄養塩類とは，生体を構成する窒素やリン，カリウムなどが塩類の形になったものである。

14-6 キーストーン種

1 生物は複数の他種との間に，食物網によって捕食したりされたり，餌やすみかを巡って競争したりと多様な関係性をもっている。このため，ある2種の間の関係性が，2種以外の他種の動向によって影響を受けることがある。このことを間接効果という。

2 たとえば，磯でイガイとフジツボはすみかである岩礁を巡って競い合う関係にある。イガイの方が優勢であるので，2種しかいない環境だと，やがてフジツボは全滅する。また，イガイはフジツボだけでなく他の固着性の貝類ともすみかを巡って競争関係にあり，他種を圧迫している。磯にヒトデがいると，増えたイガイがヒトデに捕食されるため，フジツボなど複数種の生物が全滅せずにイガイと共存できる。

3 比較的少ない個体数で広範囲に間接効果を及ぼすことで，生態系のバランスを保つ要（かなめ）の役割を果たしている生物種を，キーストーン種という。ヒトデは，イガイと他の貝との関係に間接効果を及ぼす種であり，また，キーストーン種である。

4 キーストーン種がいなくなると，その生態系の他種の個体数や多様性に大きな影響が出て，場合によっては**絶滅**につながることがある。

標準マスター

正誤判断 ∞∞

1 生態系に関する下の問いに答えよ。

頻出!

☑ **問1**　作用と環境形成作用（反作用）の両方の過程を具体的に示している記述として適当
なものを，次の①〜④のうちから一つ選べ。

① 太陽光を受けて樹木が茂ると，林内が暗くなり地表近くの湿度が高まる。

② 植物は，必要な栄養素として無機物を土中から取り入れている。

③ 植物食性哺乳類は，からだを構成するタンパク質の材料を，すべて植物体の消化
によって取り入れている。

④ 河口へ流入する川砂が減少すると，砂底を好むハマグリやアサリが減少し泥底を
好むシジミが増加する。

正誤判断 ∞∞

2 自然界の生物の増殖はさまざまな要因によって変化する。海洋の植物プランクトンは，
海水中の窒素栄養塩を使い尽くすまで増えることがある。しかし，ある寒帯の海で夏の
間調査を続けたところ，窒素栄養塩が十分に存在したにもかかわらず，植物プランクト
ンはほとんど増えなかった。その原因の1つとして動物プランクトンによる捕食が考え
られた。つまり，この海には植物プランクトンだけでなく動物プランクトンもいて，両
者は(a)被食者と捕食者の関係にあった。動物プランクトンに食べられてしまうため，植
物プランクトンは増えない。

☑ **問1**　下線部(a)のような関係にある植物プランクトンと動物プランクトンに関する説明
として**誤っているもの**を，次の①〜④のうちから一つ選べ。

① 植物プランクトンは生産者，動物プランクトンは一次消費者である。

② 動物プランクトンは呼吸によって有機物を分解するが，植物プランクトンは呼吸
によって有機物を分解しない。

③ 動物プランクトンが増加すると，続いて植物プランクトンが減少することがある。

④ 植物プランクトンが減少すると，続いて動物プランクトンが減少することがある。

考察

3 個体数ピラミッドは，単位面積あたりの個体数を栄養段階ごとに分けて示したものである。一般的に個体数ピラミッドは図1のような形になることが多いが，　ア　場合には図2のような形になっている。また，往々にして都市部における生物量ピラミッドは，生産者に対する消費者の割合が都市部以外でのそれに比べて大きい形になると考えられる。その理由は，　イ　からである。

図 1　　　　　　　　　　　　　図 2

☑ **問1** 文章中の　ア　に入る記述として最も適当なものを，次の①〜④のうちから一つ選べ。

　① その生態系の食物網が複雑である

　② 寒冷地における草原のように，生産者がきわめて少ない

　③ 木本と昆虫のように，生産者1個体の生物量が消費者に比べてきわめて大きい

　④ 農地のように，ヒトによる管理が行われている

☑ **問2** 文章中の　イ　に入る記述として最も適当なものを，次の①〜④のうちから一つ選べ。

　① リサイクルが効果的に行われている

　② 栄養段階の低い生物が栄養段階の高い消費者に効率よく捕食されている

　③ 生産者の増殖効率がきわめて高い

　④ 都市部の外で生産された植物が都市内の生態系で消費されている

15 生態系のバランスと保全

赤シートCHECK

☑ **15-1** CHECK

- <u>生態系の復元力</u>…自然災害や人間活動によって生態系のバランスが変化しても，長い年月のうちに，生態系がそのバランスを回復すること。
- <u>かく乱（撹乱）</u>…既存の生態系やその一部を破壊する外的要因。
- <u>干潟</u>…多様な生物が生息し，生物多様性の維持に寄与するとともに，水質浄化能力を有する場。失われると，有機物が海水中に流れ込み，<u>富栄養化</u>が起こりやすくなる。
- <u>生物濃縮</u>…体内で分解されにくく，体外へ排出されにくい有毒の化学物質が，食物連鎖を通じて体内に蓄積されること。
- <u>里山</u>…農村と，その周辺にあって人が利用してきた農地や草地，山林などを含む一帯。人の手で維持管理されることで豊かな生態系が維持されてきたが，荒廃が進んでいる地域も多い。

☑ **15-2** CHECK

- <u>自然浄化</u>…河川や海に流入した排水中の有機物が分解者によって分解されることで，水質を保つ働き。

☑ **15-3** CHECK

- <u>生態系サービス</u>…人間が生態系から受ける恩恵。
- <u>外来生物</u>…人間の活動によって，本来の生息地から別の地域に移されて定着した生物。
- <u>絶滅危惧種</u>…絶滅のおそれがある生物種。
- <u>地球温暖化</u>…大気中の二酸化炭素など，<u>温室効果ガス</u>の濃度の上昇によって引き起こされると考えられている。

15-1 　生態系のバランスとかく乱

1　生態系内の生物の個体数や生物量は，つねに一定の範囲内にバランスが保たれている。自然災害や人間活動によって生態系のバランスが変化しても，長い年月のうちに，生態系はそのバランスを回復する。これを生態系の復元力という。

2　台風などの自然災害や，森林伐採などの人間活動によって，既存の生態系やその一部を破壊する外的要因をかく乱(攪乱)という。自然災害によるものは**自然かく乱**，人間活動によるものは**人為かく乱**ともいう。

3　かく乱が大きすぎる，あるいはかく乱の頻度が高すぎると，生態系のバランスの回復が難しくなって，かく乱に弱い種はその生態系からいなくなり(絶滅)，かく乱に強い種ばかりの，多様性に乏しい生態系が形成されるようになる。[1]

4　環境を保全するということは，生態系のバランスを維持するということである。生態系のバランスを維持するためには，生態系を構成する生物を保全し(**生物多様性**の保全)，環境問題によって生じる生態系のバランスの変化を抑制する必要がある。

5　多様な生物が生息し，生物多様性の維持に寄与するとともに，水質浄化能力を有する干潟が失われてきている。干潟が失われると，有機物が海水中に流れ込み，富栄養化が起こりやすくなる。

6　体内で分解されにくく，体外へ排出されにくい DDT や PCB，有機水銀などの有毒の化学物質[2]が，食物連鎖を通じて体内に蓄積されることがある。これを生物濃縮という。食物連鎖において高次の栄養段階の生物ほど高濃度になるため，場合によっては重篤な被害をもたらす。生物濃縮による病害の例としては，水俣病(工場排水中のメチル水銀が原因)やイタイイタイ病(鉱業排水中のカドミウムが原因)などが挙げられる。

7　農村と，その周辺にあって人が利用してきた農地や草地，山林などを含む一帯を里山という。里山は人の手で維持管理されることで豊かな生態系が維持されてきたが，荒廃が進んでいる地域も多く，その重要性が改めて認識されてきている。

＊1　生態系のバランスは，生物多様性の高い，複雑な食物網をもつ生態系ほど保たれやすいと考えられている。

＊2　近年，マイクロプラスチックに含まれたり付着したりしている有害物質も，生態系に影響を与えることが懸念されている。マイクロプラスチックとは，直径 5 mm 以下の微小なプラスチックのことである。

15-2　水界生態系のバランス

❶　河川や海に産業排水や生活排水が流入した場合，その量が少なければ，分解者によって排水中の有機物が分解され，水質は保たれる。この働きを<u>自然浄化</u>という。

❷　しかし，自然浄化の能力を超える多量の有機物が流入した場合，水中に有機物が蓄積し，水質の汚濁が進む。また，分解者によって排水中の多量の有機物が分解され，窒素やリンなどの栄養塩類が過剰になる（富栄養化）。

❸　こうした富栄養化が進むと，プランクトンが大量に発生する<u>赤潮</u>や<u>水の華（アオコ）</u>などの現象がみられることがある[*3]。赤潮や水の華は，大量発生したプランクトンが魚介類のえらにつまる，死滅したプランクトンの分解に使われることで水中の酸素が欠乏する，一部のプランクトンが毒素を産生するなど，魚介類の生育に被害をもたらす。また，水面近くで増殖した植物プランクトンによって，水中に届く光の量が減少し，水生植物の光合成量が減少したり，生育できなくなったりする。

❹　水質の汚濁の程度を示す指標の1つに，BOD（生物化学的酸素要求量）がある[*4]。BODは，微生物の呼吸などによって，水中の有機物が分解されるときに消費される酸素量を示している。BODが高いほど，水質の汚濁が進んでいるとみなせる。

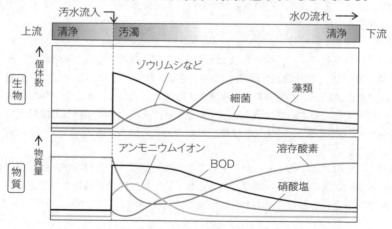

河川における自然浄化の様子

[*3]　海水域でみられる場合を赤潮，淡水域でみられる場合を水の華という。しかし，使い分けは厳密なものではなく，両者は本質的には同一の現象である。

[*4]　BODに対して，水中の有機物が酸化分解されるときに消費される酸素量をCOD（化学的酸素要求量）という。

15-3　生態系のバランスと人間活動

1　人間が生態系から受ける恩恵を生態系サービスという。

供給サービス	調整サービス	文化的サービス
人間の生活に必要な資源の提供	人間の生活に適した環境の提供	人間の文化や活動を豊かにする環境の提供
例：食料，木材，医薬品，燃料，水　など	例：気候の調整，病気・害虫の制御，洪水の制御　など	例：レジャー，芸術，宗教，教育　など

基盤サービス		
生態系を支える基盤の提供		
例：植物の光合成，土壌の形成，水や物質の循環　など		

2　人間の活動によって，本来の生息地から別の地域に移されて定着した生物を，その地域に古くから生息している**在来生物**に対して，外来生物という[*5]。外来生物によって，従来の生態系が破壊される，在来生物と交配して地域固有の種の特性が失われる（**遺伝的かく乱**），などの被害が生じている。

3　絶滅のおそれがある生物種を絶滅危惧種という。生態系の急激な変化や乱獲などによって，多くの生物が絶滅の危機に瀕している。絶滅のおそれの程度に応じて絶滅危惧種をランク付けしたものをレッドリスト，レッドリストに掲載された種の分布や生息状況などを記載した本をレッドデータブックという[*6]。

4　開発に伴う環境への影響を，事前に予測・評価することを環境アセスメントという。

5　大気中の二酸化炭素や水蒸気には，地表から放出された熱を吸収して，大気の温度を高める効果（温室効果）があり，温室効果ガスとよばれる。化石燃料の大量消費や熱帯多雨林の破壊などによって大気中の二酸化炭素濃度が上昇しており，地球温暖化が懸念されている。温暖化の進行は，極地の氷の融解・海水の膨張による海水面の上昇や生態系の変化をもたらすと予想されている。

6　環境の保全に配慮した，「将来の世代の欲求を満たしつつ，現在の世代の欲求も満足させるような開発」のことを「持続可能な開発」という。2015年に国連で採択された合意文書中の「**持続可能な開発目標（SDGs）**」では，持続可能な開発を続ける社会を実現するために2030年までに満たすべき，17の分野別目標と169の達成基準が示された。

---

*5　外来生物のうち，移入先の生態系にとくに大きな影響を与えるものを**侵略的外来生物**という。

*6　レッドリスト，レッドデータブックは特定のリストや本を指す固有名詞ではない。さまざまな国・地域で，それぞれのレッドリスト，レッドデータブックが作成されている。

標準マスター

目標時間
15分

正誤判断 ◇◇◇

☑ **1** 生態系のバランスに関する下の問いに答えよ。

☑ **問1**　人間が非生物的環境に与える影響に関する記述として**誤っているもの**を、次の①
　　～④のうちから一つ選べ。

　　① 産業の発達や人口の増加など、人間が大量にエネルギーを消費することによって、
　　　地球規模で生態系のバランスが崩れ始めている。

　　② 家庭の生活排水には、リンや窒素が含まれている。これらが湖沼や海に大量に流
　　　れ込むと、栄養塩類が増え富栄養化が起こる。

　　③ 人間が開発した殺虫剤の DDT は生物体内への残留性が強く、低次の消費者に多
　　　量に蓄積される。

　　④ 化石燃料の大量消費や熱帯多雨林の破壊などによって、大気中の二酸化炭素濃度
　　　が上昇し、地球の平均気温が徐々に上昇すると考えられている。

頻出!

☑ **問2**　次の**ア～ウ**の項目は、生態系のバランスを崩すおそれのある問題を示している。
　　それぞれの項目に関する次の記述ⓐ～ⓓとの組合せとして最も適当なものを、下の①
　　～⑥のうちから一つ選べ。
　　ア 森林の減少　　　**イ** 水質汚濁　　　**ウ** 外来生物

　　ⓐ 元々そこに生息する生物が捕食されたり、すみかや餌が奪われたりするおそれが
　　　ある。
　　ⓑ 生態系で物質循環する素材への転換や、リサイクルを図ると起こる。
　　ⓒ 大規模な土地の開発だけではなく、焼畑や過度の放牧などが原因となることもあ
　　　る。
　　ⓓ 過度の栄養塩による富栄養化や、有害物質の生物濃縮が起こるおそれがある。

	ア	イ	ウ
①	ⓑ	ⓐ	ⓓ
②	ⓑ	ⓒ	ⓐ
③	ⓑ	ⓓ	ⓐ
④	ⓒ	ⓐ	ⓓ
⑤	ⓒ	ⓑ	ⓓ
⑥	ⓒ	ⓓ	ⓐ

考察

2 里山は，人と自然の長年の相互作用を通じて形成された自然環境で，自然資源の供給だけでなく，地域特有の景観や伝統文化の基盤としても重要な地域である。里山の生物の多様性は多くの恵みをもたらすが，高齢化や過疎化により，里山が放置される問題を抱えている。そこで，里山に以下のような管理を加え，植生管理前後の調査区における植物の出現種数の変化を表1にまとめた。

＜管理の方法＞
・ヒサカキ，ヒイラギなどの低層照葉樹の伐採
・林冠を被い，幹を締め付けているフジ，クズなどのツル植物の伐採
・林床に繁茂するササ類，シダ類の刈取り
・枯死木の除去

表 1

調査区	全樹種数（種）　（低木と草本の被覆率の合計(%)）			
	管理前	管理後1年	管理後2年	管理後3年
1	30　(175)	35　(135)	36　(85)	38　(123)
2	18　(178)	20　(45)	21　(67)	21　(73)
3	27　(140)	48　(82)	62　(63)	69　(69)
4	27　(84)	24　(23)	35　(33)	41　(35)

☑ **問1** 管理の結果より考えられることとして最も適当なものを，次の①〜④のうちから一つ選べ。

① フジ・クズなどのツル植物の伐採により，里山の生物の多様性は低下した。

② 林床に繁茂するササ類，シダ類の刈取りにより，管理後3年になっても低木や草本の被覆率は管理前よりも少なかった。

③ 管理前の樹種数が多い調査区ほど，管理後3年の樹種数も多く，里山の生物の多様性は回復しやすかった。

④ 管理後4年目以降も，調査区における植物の出現種数は増大を続ける。

 **実戦クリアー**

1　人工化された環境における鳥の生息状況を明らかにするため，ある都市の中心部の住宅地から周辺の農耕地にかけての地域を 500 メートル四方の区画に区切り，5〜7 月に各区画で観察できる鳥の種数と植被率(植物が地表を覆う面積の割合)を調べた。住宅地の一部の区画にはいろいろな面積の社寺林(神社や寺の周辺に成立している森林)や公園があり，農耕地の一部の区画には畑や牧草地以外に森林があった。観察された種を，森林の鳥，草原の鳥およびその他の鳥に区分した。表 2 は，植被率とこれらの鳥の平均種数との関係を示したものである。なお，同時期に行われた別の調査では，農耕地に続く丘陵の森林で 35 種，農耕地近くの自然草原で 13 種の鳥が観察された。これらの中には，住宅地や農耕地でみられたスズメやドバトなどは含まれなかった。

表 2

植　被　率(%)	0〜20	21〜30	31〜40	41〜50	51〜60	61〜70	71〜80	81〜100
森林の鳥の種数	3	5	7	8	9	9	11	12
草原の鳥の種数	2	4	5	6	6	7	7	7
その他の鳥の種数	2	2	2	2	2	2	2	2

☑ **問1** 人工化された環境やそこに生息する鳥について，上の文章と表2から導かれることとして**誤っているもの**を，次の①〜⑦のうちから二つ選べ。ただし，解答の順序は問わない。

① 人工化された環境でも，植被率が高くなると，鳥の種数が増加する。

② 人工化された環境では，自然の環境よりも鳥の種数は少なくなるが，その程度は，森林の鳥より草原の鳥の方が著しい。

③ 人工化された環境では，草原の鳥の種数は森林の鳥の種数より少ない。

④ 人工化された環境には，自然の草原や森林に生息しない鳥がいる。

⑤ 人工化された環境は，多くの鳥の生息環境として自然の森林より劣っている。

⑥ 人工化された環境は，一部の鳥には，自然の環境よりもよい環境である。

⑦ 人工化された環境でも，植被率が高くなると，鳥の生息環境としては自然の環境と変わらない。

☑ **問2** 植被率50%を超える区画では，観察された鳥の種数があまり増加しなかった。その理由として考えられることは何か。最も適当なものを，次の①〜④のうちから一つ選べ。

① 種数が多くなると，異種間の干渉が強くなるから。

② 人工化された環境に生息できる種が限られているから。

③ 植物が連続して地表を覆っていないから。

④ 森林の鳥と草原の鳥のいずれか一方のグループしか生息できないから。

書籍のアンケートにご協力ください

抽選で**図書カード**を
プレゼント！

Ｚ会の「個人情報の取り扱いについて」はＺ会
Webサイト(https://www.zkai.co.jp/home/policy/)
に掲載しておりますのでご覧ください。

ハイスコア！共通テスト攻略　生物基礎　改訂版

2020年 4 月10日　初版第 1 刷発行
2021年 7 月10日　新装版第 1 刷発行
2024年 3 月10日　改訂版第 1 刷発行

編者	Ｚ会編集部
発行人	藤井孝昭
発行	Ｚ会
	〒411-0033　静岡県三島市文教町1-9-11
	【販売部門：書籍の乱丁・落丁・返品・交換・注文】
	TEL　055-976-9095
	【書籍の内容に関するお問い合わせ】
	https://www.zkai.co.jp/books/contact/
	【ホームページ】
	https://www.zkai.co.jp/books/
装丁	犬飼奈央
印刷所	シナノ書籍印刷株式会社

©Ｚ会　2024　★無断で複写・複製することを禁じます
定価はカバーに表示してあります／乱丁・落丁はお取り替えいたします
ISBN978-4-86531-579-0 C7045

ハイスコア！共通テスト攻略

生物基礎

改訂版

別冊解答

Z-KAI

目次

1 細胞

🕐 標準マスター

解答

1　問1　③　　　問2　①　　　問3　③
2　問1　②－⑤（順不同）

解説

1　問1　①（誤り）　アメーバを核を含む部分と含まない
部分に分けて培養すると，核を含む部分は，成長して元
の大きさになり，分裂・増殖を行うようになる。しかし，
核を含まない部分はやがて衰え，死滅してしまう。　　　　⮕ 1-4 CHECK

②（誤り）　**細胞液**とは，液胞内に含まれる液体である。核
内で染色体の周囲を満たす液体は**核液**とよばれる。　　　⮕ 1-4 CHECK

③（正しい）　**ミトコンドリア**では，酸素を用いて有機物を
分解し，エネルギーを取り出す**呼吸**が行われる。　　　　⮕ 1-4 CHECK

④（誤り）　肝臓など活動の活発な器官の細胞にはミトコン
ドリアが多く存在するが，ミトコンドリアと水分の調節
には直接の関係はない。　　　　　　　　　　　　　　　　⮕ 1-4 CHECK

問2　ⓐ（正しい）　**液胞**は，糖・アミノ酸・無機塩類・水
溶性の色素などが溶けた**細胞液**で満たされている。　　　⮕ 1-4 CHECK

ⓑ（誤り）　細菌などの原核生物の細胞には，液胞やミトコ
ンドリアなどの膜に囲まれた細胞小器官はない。　　　　⮕ 1-3 CHECK

ⓒ（誤り）　光合成を行う細胞小器官，すなわち**葉緑体**は，
動物細胞には存在しない。　　　　　　　　　　　　　　　⮕ 1-3 CHECK

問3　①・②（誤り）　40倍の対物レンズで観察した際の　　⮕ 1-10 CHECK
視野（プレパラートを動かさないで観察できる範囲）は，
10倍の対物レンズを用いた場合と比べて狭い。また，
観察できる範囲が狭くなると光量も少なくなるため，試
料は暗く見える。

③（正しい）　10倍の対物レンズよりも40倍の対物レンズ
の方が長いため，同じレボルバーにセットした場合，対
物レンズとプレパラートの間の距離は短い。

④（誤り）　顕微鏡で観察すると，像は上下左右が反対に見

える。そのため，対物レンズの倍率に関係なく，プレパラートを右に動かすと像は左に移動する。

2 **問1**　細胞破砕液を遠心分離することで，細胞小器官を体積や重さごとに分離することができる。リード文に「沈殿1～3と上澄み3のDNA量を調べたところ，沈殿1が最も多く，沈殿2と沈殿3には少量存在していたが，上澄み3にはみられなかった」とあることから，沈殿1には核が，沈殿2，沈殿3にはミトコンドリアまたは葉緑体が存在することがわかる。さらに，リード文に「ミトコンドリアは葉緑体よりもその体積や重さが小さい」とあるため，沈殿2には葉緑体，沈殿3（上澄み2）にはミトコンドリアが存在すると推測できる。

1-3 **1-4** **CHECK**

◯ミトコンドリアと葉緑体は，それぞれ核とは異なる独自のDNAをもっている。

①（誤り）　酵素をはじめとするタンパク質やアミノ酸，グルコースなどが含まれ，生命活動の場となっているのは細胞質基質であり，上澄み1～3に多く含まれる。沈殿1の構造物である核には，染色体が含まれており，染色体の主な成分はDNAとタンパク質であるが，物質の合成や分解などの化学反応は行われない。

②（正しい）　沈殿1の構造物は核である。原核生物である大腸菌や乳酸菌は，核膜に包まれた核をもたない。

◯原核生物のDNAは核膜に囲まれない状態で細胞質基質中に局在している。

③（誤り）　沈殿2の構造物は，葉緑体である。葉緑体で行われる光合成では，光エネルギーを利用して二酸化炭素と水から炭水化物などの有機物が合成される。

④（誤り）　アントシアンなど花の色のもとになっている色素は液胞に含まれる。沈殿2の葉緑体に含まれる色素はアントシアンではなくクロロフィルなどで，葉の色のもととなっている。

◯沈殿2はDNAを含むので，前述のように液胞ではなく葉緑体である。なお，液胞は大きいため，機械的な破砕では壊れてしまい，遠心分離できないことが多い。

⑤（正しい）　上澄み2には，核や葉緑体以外の構造物が含まれる。有機物からATPの形でエネルギーを取り出す働き（呼吸）を行うミトコンドリアも上澄み2に含まれる。

⑥（誤り）　沈殿3の構造物はミトコンドリアなので，緑色をしていない。緑色のもととなる，クロロフィルなどの色素を含む葉緑体は沈殿2に含まれる。

2 代謝

 標準マスター

解答

① 問1　③　　　問2　③

② 問1　①－④（順不同）

解説

① **問1**　①（正しい）　酵素自身は化学反応の前後で変化 ➡ **2-4** CHECK
しないため，何回でも再利用される。そのため，微量で
も十分に化学反応を促進することができる。

②（正しい）　酵素は決まった物質（**基質**）に作用するという
特徴をもつ（**基質特異性**）。

③（誤り）　細胞内では呼吸や光合成などに関係する酵素が，
細胞外では消化などに関係する酵素が働く。

④（正しい）　酵素の本体はタンパク質であり，細胞内でつ
くられる。

問2　①・④（正しい）　グルコースをエネルギー源として ➡ **2-4** **2-6** CHECK
ATP が生成される過程は呼吸である。呼吸では，グル
コースが分解されて二酸化炭素と水が生じる。この過程
には，複数の酵素が働く。

②（正しい），③（誤り）　ATP が **ADP** と**リン酸**に分解さ ➡ **2-3** CHECK
れるとき，多量のエネルギーが放出される。このエネル
ギーは筋収縮（運動）や発熱だけでなく，化合物の合成（二
酸化炭素と水から有機物を合成するなど）にも使われる。

⑤（正しい）　真核生物の呼吸は細胞質基質と**ミトコンドリ** ➡ **2-6** CHECK
アで行われる。

⑥（正しい）　ATP は**アデノシン三リン酸**とよばれ，**アデ** ➡ **2-3** CHECK
ニン（塩基）に**リボース**（糖）が結合した**アデノシン**に，**リ**
ン酸が 3 つ結合したものである。

2 **問1** 光合成は，光エネルギーを利用して，水と二酸化炭素をもとに，有機物を合成する働きである。光合成には酵素反応が含まれるため，**光**，**水**，**二酸化炭素**，**適度な温度**が重要な環境要因となる。また，光合成は，光エネルギーを化学エネルギーに変換して有機物内に蓄積する作用といえる。

ガス発電は火力発電の一種で，メタンなどのガスを燃焼させて水を蒸気に変え，蒸気の力で発電機につながるタービンを回し発電する。このため，電気を生じる際に副産物として排熱や二酸化炭素を含む排気ガスが生じる。

① (誤り) 環境中の窒素濃度は光合成に直接は関係しない。また，有機物からエネルギーを取り出すのは呼吸である。

②・③ (正しい) 電気を利用した照明を当てたり，排熱を利用して気温を維持したりすることは，光合成の促進に有用である。

④ (誤り)，⑤ (正しい) 植物の光合成に利用されるガスは，発電所の排気ガスに含まれる二酸化炭素である。

➡ **2-5** CHECK

➡ 酵素やDNAの材料になる窒素やリンなど，植物の成長に影響する要因は他にもあるが，この設問では「光合成」について考えていることに注目。

➡ 燃焼で酸素を消費するため，排気ガスは大気に比べ酸素の量が少なくなっている。

3 遺伝子の本体

⏱ 標準マスター

解答

[1]　問1 ⑦　　問2 ④　　問3 ④
[2]　問1 ①

解説

[1]　**問1**　通常，細胞に含まれる DNA は，**ヌクレオチド**
の糖とリン酸が交互に結合してできた長い鎖が 2 本並ん
で，らせん状にねじれて結合した構造(**二重らせん構造**)
をとる。このとき，2 本の鎖の間では，必ず A － T，G
－ C という決まった組合せの塩基どうしが結合してい
る。そのため，2 本鎖の DNA 全体において，各塩基の
数の割合は，A と T，G と C でそれぞれ等しい。しかし，
1 本鎖の DNA では，各塩基の数の割合はバラバラであ
る。表 1 をみると，**g** だけが A と T，G と C の数の割
合に大きな差があることがわかるので，**g** が 1 本鎖の
DNA であると推測できる。

⟳ 3-3 CHECK

問2　精子は配偶子であるため，体細胞である肝臓の細胞
に比べ，染色体数が半減している。すなわち，細胞 1 個
あたりの DNA 量も半減しており，DNA 量の比は，肝
臓の細胞：精子＝2：1 になっているはずである。
　　a 〜 e について，細胞 1 個あたりの平均の DNA 量を
比較すると，**c**(6.4×10^{-12} g)と **d**(3.3×10^{-12} g)の比が，
2：1 に最も近い。したがって，**c** が体細胞である肝臓
由来，**d** が配偶子である精子由来のものと推測される。
　　なお，**d**(3.3×10^{-12} g)と **e**(1.8×10^{-12} g)の比も 2：1
に近いが，DNA 中の各塩基の数の割合が，**d** と **e** では
大きく異なっている。同じ生物由来の細胞ならば，
DNA 中の各塩基の数の割合は同じはずなので，**d** と **e**
は別の生物由来の材料であると考えられる。

⟳ 3-1 3-3 CHECK

問3　問1の「解説」で述べたように，二重らせん構造の DNA では，A と T，G と C の数の割合がそれぞれ等しい。よって，この DNA サンプル中の T の割合を x % とすると，A の割合も x % となる。T が G の 2 倍量含まれているので，G の割合は $x/2$ %，したがって C の割合も $x/2$ % となる。

$$A+T+G+C=100 \ [\%]$$
$$x+x+x/2+x/2=100 \ [\%]$$

したがって，

$$x=33.33\cdots[\%]$$

よって，この DNA の A の割合は約 33.3 % であると推測される。

◆ 3-3 CHECK

② 問1　ⓐ（誤り）　感染に用いたファージのタンパク質を大腸菌が呼吸によって分解し，利用することは，実験2でファージのタンパク質（標識 Y）が大腸菌内にないことと矛盾する。

ⓑ（正しい）　実験2より，大腸菌内に標識 X のみが検出されたことから，標識 X，すなわちファージの DNA は大腸菌内に入ったことがわかる。

ⓒ（正しい）　ファージの遺伝物質が大腸菌内に入り，大腸菌内で子ファージが増殖する。大腸菌内には，ファージの DNA が含まれていたが，タンパク質は含まれていなかったことから，ファージの遺伝情報は DNA に含まれていることがわかる。すなわち，DNA が遺伝物質である。

◆ 3-8 CHECK

4 遺伝情報の分配

🕐 標準マスター

解答

① **問1** ②

問2 ア…②　　イ…③　　ウ…①

問3 分裂期…③

分裂期のあと次の DNA 合成開始までの時期…⑧

DNA 合成の時期…⑦

解説

① **問1**　細胞が分裂を終えてから次の分裂を終えるまでを**細胞周期**という。よって，1 回の細胞周期が終わると，細胞数は 2 倍になる。図 1 の **a** の時点(培養時間 50 時間目)では，細胞数は 100 (相対値)である。これが 2 倍の200 (相対値)になるのは 70 時間目である。よって，1 回の細胞周期に要する時間は，(70−50＝) 20 時間である。

⮕ **4-1** CHECK

問2　図 2 は，細胞あたりの DNA 量が 2 の細胞が DNA合成の時期を経て DNA 量が 4 の細胞となり，さらに分裂期を経て DNA 量が 2 の細胞に戻ることを表している。それでは，4 つの時期それぞれの細胞の DNA 量について考えてみよう。

⮕ **4-2** CHECK

　「DNA 合成の時期(S 期)」の細胞は，一度に DNA の合成が起こるわけではないため，DNA 量が 2〜4 となる。

　「DNA 合成のあと分裂期開始までの時期(G_2 期)」の細胞は，DNA 量が 4 のままである。

　「分裂期(M 期)」の細胞は DNA 量が 4 であり，分裂期が終了すると同時に DNA 量は 2 に戻る。

　「分裂期のあと次の DNA 合成(複製)開始までの時期(G_1 期)」の細胞は，DNA 量が 2 のままである。

問3　設問文より，S 期の細胞数は 1500 個，M 期の細胞
数は 300 個である。また，図 2 より，G_1 期は G_2 期と
M 期の合計の 2 倍の細胞数である。G_1 期と G_2 期，お
よび M 期の細胞数は（6000−1500＝）4500 個なので，こ
のうち G_1 期の細胞数は 3000 個である。また，G_2 期と
M 期の合計の細胞数 1500 個のうち，M 期の細胞数は
300 個なので，G_2 期の細胞数は（1500−300＝）1200 個
である。

　あとは，リード文にある $t=T \times \dfrac{n}{N}$ を使って，細胞周
期のそれぞれの時期に要する時間 t を求めればよい。こ
のとき，細胞周期の 1 回に要する時間は 20 時間である
ため，T＝20 であることに注意。
　M 期に要する時間は

$$20 \times \frac{300}{6000} = 1 \,〔時間〕$$

G_1 期に要する時間は

$$20 \times \frac{3000}{6000} = 10 \,〔時間〕$$

S 期に要する時間は

$$20 \times \frac{1500}{6000} = 5 \,〔時間〕$$

➡ **4-4** CHECK

➡ ちなみに，G_2 期に要する時間
は

$$20 \times \frac{1200}{6000} = 4 \,〔時間〕$$

5 遺伝子の発現

🕐 標準マスター

解答

[1]　問1　②

[2]　問1　④　　　問2　④

[3]　問1　a…③　　b…⑤

[4]　問1　③

解説

[1]　**問1**　ウラシル(U)は RNA を構成するヌクレオチド　　◯ **3-2** **5-6** **CHECK**
に特徴的な塩基である。RNA の構成要素であるウラシ
ルがパフの部分に取り込まれていることから，パフの部
分では RNA 合成が行われていると推測される。

[2]　**問1**　RNA は転写・翻訳に関わる。DNA の塩基配　　◯ **5-3** **5-4** **CHECK**
列の一部が mRNA に写し取られ(**転写**)，それに基づい
てタンパク質が合成される(**翻訳**)。

　なお，エネルギー生成は呼吸などによって行われる。
また，生命活動のエネルギーとして利用されるものには
ATP などがある。子孫をつくる際には DNA が複製さ
れ，配偶子が形成される。

問2　DNA のヌクレオチドを構成する塩基は，アデニン　　◯ **3-2** **CHECK**
(A)，チミン(T)，グアニン(G)，シトシン(C)の4種
類である。一方，RNA のヌクレオチドを構成する塩基は，
アデニン(A)，ウラシル(U)，グアニン(G)，シトシン(C)
の4種類である。したがって，DNA のチミンに代わり，
RNA ではウラシルが含まれている。

　なお，アミラーゼはデンプンを分解する酵素，アデノ
シンは ATP の構成要素でアデニンとリボースが結合し
たものである。

③　**問1**　二重らせん構造における DNA の塩基どうしの　⟶ **5-3** CHECK
結合では，アデニン(A)とチミン(T)，グアニン(G)と
シトシン(C)がそれぞれ結合する。また，転写の際は，
DNA のアデニン(A)に mRNA のウラシル(U)が結合す
る点以外は DNA の塩基どうしの結合と同じである。よ
って，mRNA の塩基配列 CAC に結合する DNA の塩
基配列は GTG，DNA の塩基配列 GTT に結合する
mRNA の塩基配列は CAA となる。

④　**問1**　1860 個の塩基の 80 %，すなわち(1860×0.8　⟶ **5-4** CHECK
＝) 1488 個の塩基がアミノ酸を指定する。1 個のアミノ
酸は，mRNA の 3 個の塩基によって指定されるので，
1488 個の塩基によって指定されるアミノ酸の数は
　　　　$1488 \div 3 = 496$ 〔個〕

実戦クリアー

ポイント

　　グラフを読み取る実験考察問題を出題した。実験考察問題では，各実験の目的とその結果・結論を短時間でまとめる訓練をしよう。このとき，複数の実験を行っていたとしても，まずは，1つずつわかることを整理していくとよい。また，選択肢については，一見もっともらしいことが述べられているため，行った実験とその結果を丁寧に比較していこう。

解答

① 問1　④　　　問2　③

解説

① 問1　まずは，**実験1〜4**がそれぞれ何を目的に行った実験であるかを把握しよう。

➡ ポイント で示したように，まずは，実験を1つずつ整理していこう。

実験1　培養液中の血清濃度を変えたときに，細胞の増殖の様子がどう変わるかを調べた。

実験2　増殖が止まった細胞に対して，培養液を取り替えて，増殖に必要な物質(を含んだ血清)を追加して与えた場合に，増殖が再開されるか否かを調べた。

実験3　**実験2**の操作を繰り返し，増殖に必要な物質を追加し続ければ，いつまでも増殖し続けられるか否かを調べた。

実験4　増殖に必要な物質を追加しても増殖を再開しなくなった細胞に対して，培養液中の細胞密度を低くした場合に，増殖が再開されるか否かを調べた。

　　実験1から，細胞は，培養液に血清がなければ増殖せず，また，2％の血清を加えたときよりも10％の血清を加えたときの方が，増殖した数が多いことがわかる。ただし，2％の血清を加えたときも10％の血清を加えたときも，ある程度まで増殖すると，グラフは平らになり，それ以上は細胞が増殖しなくなることが示されている。**実験2**では，血清を10％含む条件下で培養し，増殖が止まった細胞の培養液を，新しい10％血清入りの培養液に取り替えたところ，細胞は培養液を取り替えるたびに増殖を再開することがわかった(図2中のx，y)。もし，シャーレに細胞が増殖できる空間がなくなったた

めに増殖が止まっていたのなら，培養液を取り替えても再び増殖することはないはずである。つまり，**実験1**において血清が10％の条件で細胞の増殖が止まったのは，血清中の増殖に必要な物質を使い切ったことが原因だと推測できる。したがって，④が正しい。

問2 　**実験3**から，**実験2**と同様に新しい培養液と取り替えても，3回目では細胞の増殖は再開されないことがわかった（図2中の z）。増殖に必要な物質を与えても増殖しないということは，シャーレにそれ以上細胞が増殖できる空間がなくなったからだと推測できる。それを確認したのが**実験4**である。**実験3**で増殖しなくなった細胞群を解離し，密度が低くなるように希釈して，血清を10％含む培養液に移すと，再び増殖を開始することから，細胞は，密度が高くなると増殖を停止し，密度が低くなると増殖を再開することがわかる。したがって，③が正しい。

①（誤り）　**実験2**で培養液を取り替える操作を行った際にも，細胞の増殖が起こっているので，増殖能力が失われたとはいえない。

②（誤り）　**実験4**より，細胞が一つ一つになるように希釈すれば増殖することから，増殖能力が失われたわけではない。

④（誤り）　**実験1**で血清0％の条件下では，密度が低くても細胞は増殖していないので，血清中の増殖に必要な物質がなくては増殖できないことがわかる。

↪なお，血清が2％の条件では，10％の条件のときよりも少ない細胞数で細胞増殖が止まっているので，このときにシャーレにはそれ以上細胞が増殖できる空間が残っていないとは考えられない。したがって，血清が2％の条件で細胞の増殖が止まったのも，血清中の増殖に必要な物質を使い切ったことが原因だと思われる。よって，血清を10％含む新しい培養液に取り替えれば，細胞増殖が再開されると推測できる。

6 恒常性・神経系・内分泌系

 標準マスター

解答

[1] **問1** ①－⑥（順不同）   **問2** ①   **問3** ③

[2] **問1** ①－③（順不同）

解説

[1] **問1** ①（誤り）　ホルモンは血液によって運ばれるが，赤血球が運ぶわけではなく，液体成分（血しょう）に溶けて運ばれる。そのため，組織液を介して血管から離れた場所の細胞にも作用し得る。

② (正しい)　たとえば，低血糖のときは，アドレナリン，グルカゴン，糖質コルチコイドなどが共同して働くことで，血糖濃度が増加する。

③ (正しい)　標的器官の細胞には，特定のホルモンと特異的に結合する受容体が存在する。

④ (正しい)　たとえば，副腎髄質は，交感神経の刺激によってアドレナリンを分泌する。

⑤ (正しい)　間脳の視床下部が高血糖を感知すると，**副交感神経**を介してすい臓のランゲルハンス島 B 細胞にインスリン分泌を促す。

⑥ (誤り)　ホルモンは，体内にある内分泌腺で合成される。

⑦ (正しい)　たとえば，副腎皮質は糖質コルチコイドと鉱質コルチコイドを分泌する。

問2　脳下垂体の摘出により，脳下垂体からホルモンが分泌されなくなった結果と考えられる変化を選べばよい。

① (正しい)　**バソプレシン**は，腎臓における水の再吸収を促進するホルモンなので，分泌されなくなると，水の再吸収率が低下し，尿量は増加する。

②・⑤ (誤り)　甲状腺刺激ホルモンが分泌されなくなることで，刺激を受けなくなった甲状腺が肥大するとは考えにくい。さらに，甲状腺から代謝を促進する**チロキシン**の分泌が促進されなくなるため，代謝は衰えると考えられる。

⊙ 6-6 CHECK

⊙ 6-6 6-7 CHECK

③（誤り）　成長ホルモンが分泌されなくなるため，成長は
促進されなくなる。

④・⑥（誤り）　副甲状腺は脳下垂体の調節を受けていない
ため，脳下垂体の摘出によって影響を受けることはない
と考えられる。したがって，副甲状腺が肥大したり，副
甲状腺からのパラトルモンの分泌が増加したりすること
は考えにくい。

問3　糖質コルチコイドは，本来副腎皮質から分泌される ⇒ **6-8** CHECK
ホルモンである。糖質コルチコイド製剤を使い続けると，
負のフィードバック調節により，間脳の視床下部が副腎
皮質刺激ホルモン放出ホルモンの分泌を抑制することで，
脳下垂体前葉は副腎皮質刺激ホルモンの分泌を抑制する。
その結果，副腎皮質からのホルモン分泌が抑制され続け
ることになり，副腎の機能が低下する。

[2] 問1　①（正しい）　交感神経は，興奮したときに働き， ⇒ **6-5** CHECK
血管を収縮させ，血圧を上昇させる役割がある。

②（誤り）　副交感神経はリラックスしているときや，休息
時に働く。寝つきにくくなる症状は，交感神経の活動が
過剰な際に現れやすい症状である。

③（正しい）　チロキシンは代謝を促進するので，チロキシ ⇒ **6-6** CHECK
ンが過剰になると代謝が異常に亢進される。この結果，
熱産生が増加して暑がりになったり，代謝により糖など
が過剰に分解されることで体重が減少したりすることが
ある。

④（誤り）　血糖濃度が異常に上昇する症状は，インスリン
の欠乏などによって生じる。

⑤・⑥（誤り）　バソプレシンは集合管からの水の再吸収を ⇒ **6-6** CHECK
促進するホルモンである。バソプレシンが欠乏すると，
再吸収する水の量が減少するため，尿量が増加する。そ
のため，尿崩症では薄い尿を多量に排出するようになる。

　体液

標準マスター

解答

1　問1　ア…⑤　　イ…⓪　　ウ…⓪
2　問1　②　　　問2　①
3　問1　1…②　　2…④　　　問2　②

解説

1　問1　ア…ヒトの体液には，**血液**，**リンパ液**，**組織液**　　⇨ **7-1** CHECK
の3種類がある。

イ…単細胞生物では，細胞周囲の**体外環境**(外部環境)との　　⇨ **6-1** CHECK
間で直接物質の受け渡しが行われる。しかし，多細胞の
動物では，細胞の大部分は体外環境とは直接接しておら
ず，体液という**体内環境**(内部環境)に取り巻かれている。

ウ…血液には，**赤血球**，**白血球**，**血小板**などの血球成分(有　　⇨ **7-1** CHECK
形成分)が含まれており，それぞれ異なる役割を果たし
ている。

2　問1　①(誤り)，②(正しい)　白血球は**免疫**に，血小　　⇨ **7-1** **7-6** CHECK
板は**血液凝固**にそれぞれ関わる。血小板などから放出さ
れる凝固因子の働きで血ぺいはつくられる。

③(誤り)　赤血球は，結合した酸素を，血しょうの流れに　　⇨ **7-4** CHECK
のることで運搬する。一部のリンパ球のように自ら動き
回ることはない。

④(誤り)　肺でガス交換する際，血液は二酸化炭素を放出　　⇨ **7-4** **7-5** CHECK
するが，そのすべてが放出されるわけではない。

問2 ❶（正しい）　全身を巡って心臓に戻ってきた血液は，右心室から肺動脈を経て肺に送られる。肺ではガス交換（二酸化炭素を放出し，酸素を取り入れる）が行われ，血液は肺静脈から左心房に戻る。これを**肺循環**という。

➡ **7-2** **7-4** CHECK

❷（誤り）　リンパ管は鎖骨下で静脈とつながっており，ここでリンパ液が血液に合流して心臓に入る。**リンパ節**は，リンパ管のところどころに散在する球状の器官で，免疫の場である。

➡ **7-7** CHECK
➡ リンパ節は，腋の下や頸部などにある。

❸（誤り）　鳥類やヒトなどの哺乳類の心臓は**2心房2心室**からなり，右心房に入ってくる酸素の少ない血液と，左心房に入ってくる酸素の多い血液が心室で混ざり合わないようになっている。

➡ **7-2** **7-3** CHECK

❹（誤り）　赤血球が毛細血管からしみ出すことはない。

➡ 毛細血管からしみ出す血球は，白血球（リンパ球）である。

3 **問1**　1…グラフcより，酸素濃度が30（相対値）のときの母体血液中の酸素ヘモグロビンの割合は，40%とわかる。

➡ **7-4** **7-5** CHECK

2…胎盤に入る直前に96%であった酸素ヘモグロビンの割合は，胎盤に入った後に酸素を放出することで，40%まで低下する。このことから，胎盤で酸素を放出する母体酸素ヘモグロビンの割合は，

$$\frac{96-40}{96}\times100=58.33\cdots\fallingdotseq58\ [\%]$$

よって，およそ60%となる。

➡ 全ヘモグロビンに対する割合ではなく，母体酸素ヘモグロビンに対する割合なので，分母は100ではなく96であることに注意。

問2　胎児のヘモグロビンは，胎盤で酸素を受け取る必要がある。そのため，胎盤の環境（酸素濃度30（相対値））において，ヘモグロビンの多くが酸素を受け取った酸素ヘモグロビンの形になっていればよい。よって，胎児のヘモグロビンの酸素解離曲線は，酸素濃度30（相対値）のときに母体よりも酸素ヘモグロビンの割合が高いaまたはbとなる。ただし，aでは酸素濃度15（相対値）下でも酸素ヘモグロビンの割合が高く，胎児の体内でも酸素ヘモグロビンは酸素を解離せず，胎児の組織は必要な酸素を受け取れないことになる。よって，胎児のヘモグロビンの酸素解離曲線はbとなる。

8 自律神経とホルモンによる調節

 標準マスター

解答

① 問1 ア…④ イ…⑦
② 問1 ④
③ 問1 ② 問2 ④−⑤(順不同)

解説

① **問1 ア**…恒常性維持の中枢は**間脳**の**視床下部**である。 ➡ **8-4** CHECK
血糖濃度の変化も間脳の視床下部で感知され，変化に応
じたホルモンが各種の内分泌腺から放出される。
イ…血糖濃度が低下した際，上昇に働く仕組みとしては，
アドレナリン，グルカゴン，糖質コルチコイドなどの分
泌の促進が挙げられる。

② **問1 ①・②(誤り) 糖質コルチコイド**は副腎皮質か ➡ **8-7** CHECK
ら，**アドレナリン**は副腎髄質から分泌されるホルモンで
ある。体温が低下すると，糖質コルチコイドもアドレナ
リンも分泌量が増加し，おもに肝臓や筋肉の細胞におけ
る代謝を促進して，発熱量を増加させる。アドレナリン
には心臓の拍動を促進する働きもある。
③(誤り) 甲状腺刺激ホルモンは脳下垂体前葉から分泌さ
れる。甲状腺刺激ホルモンによって**チロキシン**の分泌量
が増加すると肝臓や筋肉の細胞における代謝が促進され
る。
④(正しい) 体温が低下すると，交感神経が興奮して皮膚
表面の毛細血管が収縮し，血流量が減少するので，放熱
量を減少させることができる。
⑤(誤り) 皮膚にあり，毛を逆立たせる働きをもつ小さな
筋肉を立毛筋という。立毛筋には交感神経が分布してい
るが，<u>副交感神経は分布していない</u>。強い寒さや緊張の
あまり鳥肌が立つというのは，交感神経の興奮によって
立毛筋が収縮した状態のことである。

③ **問1** ①(誤り) 副腎から分泌されるアドレナリンと糖質コルチコイドは，血糖濃度上昇に働く。

8-4 CHECK

②(正しい)・④(誤り) 血糖濃度の上昇は，間脳の視床下部で感知されると，副交感神経を通して，すい臓のランゲルハンス島B細胞を刺激し，**インスリン**が分泌される。また同時に，B細胞自身も直接に血糖濃度の上昇を感知し，インスリンを分泌する。インスリンは細胞内へのグルコースの取り込みや細胞中のグルコースの消費を促進するとともに，肝臓でのグルコースからのグリコーゲンの合成を促進し，血糖濃度を低下させる。

③(誤り) 健常なヒトでは，グルコースは細尿管ですべて再吸収されるため，尿中に排出されない。

問2 ①～③(誤り) 糖質コルチコイド，グルカゴン，アドレナリンなどは，血糖濃度の上昇に働くホルモンである。

8-4 8-5 CHECK

④・⑤(正しい) 血糖濃度の低下に働くホルモンであるインスリンの量が不足すると，血液中のグルコースの細胞内への取り込みなどが十分に働かず，高血糖の状態が続きやすくなる。

⑥(誤り) グリコーゲンを分解するとグルコースが生じるが，これが血液中に放出されると血糖濃度の上昇に働く。

⑦(誤り) 血液中から尿中にグルコースが排出されるのは，腎臓の細尿管における再吸収が追いつかないためであり，血糖濃度を低下させるためではない。

⑧(誤り) 血糖濃度の低下に，交感神経は関与しない。

免疫1

 標準マスター

（解答）

[1]　**問1**　ア…③　イ…⑤　ウ…②

[2]　**問1**　⑤　　　**問2**　①

[3]　**問1**　①－⑥－⑧（順不同）　　　**問2**　②

（解説）

[1]　**問1**　獲得免疫では，体液性免疫と細胞性免疫という
2つの仕組みが働く。獲得免疫は，体内に侵入した異物
を区別した上で働く。このように特異的な免疫応答を引
き起こす異物を**抗原**という。リンパ球のうち**B細胞**は，
ヘルパーT細胞によって増殖し，抗体産生細胞（形質細
胞）へと分化する。抗体産生細胞は抗原と特異的に結合
する**抗体**を生産して血しょう中に放出する。この免疫を
体液性免疫という。

⮕ **9-2** **9-4** **9-5**
9-6 **CHECK**

⮕ 抗体の実体は，免疫グロブリ
ンとよばれるタンパク質であ
る。

[2]　**問1**　免疫とは，体内に侵入した異物を排除する仕組
みである。

①（誤り）　血液凝固は，凝固因子によってできたフィブリ
ンが血球を絡めとることで起こる。

②（誤り）　ホルモンのフィードバック調節では，最終生成
物であるホルモンやその作用が，前の反応を調節する。

③（誤り）　酵素は，それ自身は変化することなく，生体内
の化学反応を促進する物質である。

④（誤り）　肺炎双球菌の形質転換は，DNAが取り込まれ
ることで起こる。

⑤（正しい）　臓器移植における拒絶反応は，他人の組織と
いう異物を認識した細胞性免疫によるものである。

⮕ **7-6** **CHECK**

⮕ **6-8** **CHECK**

⮕ **2-4** **CHECK**

⮕ **3-6** **3-7** **CHECK**

⮕ **9-8** **CHECK**

問2 ①(誤り), ②〜④(正しい) B細胞から分化した抗体産生細胞によってつくられ, 体液中に放出される**抗体**は, タンパク質でできており, 特定の抗原と特異的に結合する。この抗原と抗体の結合を**抗原抗体反応**という。抗体と結合した抗原は, マクロファージなどの白血球の食作用によって排除される。

⇒ **9-5** **9-6** CHECK

⑤(正しい) 同じ抗原が2回目に侵入した際は, **体液性免疫**の**二次応答**によって, 記憶細胞が速やかに抗体産生細胞となって多量の抗体をつくるので, 1回目よりも迅速に抗原を排除することができる。

⇒ **9-8** CHECK

③ **問1** **実験1**でみられる脱落は, 移植された皮膚が非自己と認識され, **細胞性免疫**によって拒絶反応が起こったために生じた。また, **実験2**でB系統の皮膚の脱落までの期間が短くなったのは, B系統の皮膚に特異的に反応する記憶細胞が残っていた, **免疫記憶**によるものである。

⇒ **9-8** CHECK

問2 AとBの子Fのリンパ系の器官の細胞には, A系統のリンパ球とB系統のリンパ球が含まれる。免疫寛容の成立は, 出生後の早い時期に起こる。よって, 出生直後のA3では, B系統の特徴をもつリンパ球を含むFの細胞を注射されたことにより, B系統の細胞には反応しないリンパ球が選別され, B系統の特徴をもつ細胞も自己と認識されるようになったと考えられる。このように, 特定の抗原に対して免疫応答が抑制されることを**免疫寛容**という。

⇒ **9-2** CHECK

⇒ B系統の細胞に反応するリンパ球が死滅することで選別される。

①(誤り) 免疫系が攻撃されてしまったのであれば, A3の免疫系はC2の皮膚を攻撃することができなくなるので, C2の皮膚は脱落しないはずである。

③(誤り) 出生直後のA3の免疫系が未熟なためにFの細胞の認識をできなかったのであれば, B3とC2の皮膚の生着期間に違いは生まれないはずである。

④(誤り) C系統の皮膚からB系統の皮膚の生着を助ける物質が放出されているのであれば, **実験2**でB系統(B2)の皮膚は生着するはずである。

10 **免疫2**

🕐 **標準マスター**

解答

① 問1　③　　　問2　血清療法…③　予防接種…②　　問3　②－⑥(順不同)
② 問1　④　　　問2　③

解説

① 問1　①・②(正しい)，③(誤り)　アレルギーとは，接触したことのあるアレルゲンに対して起こる，異常な免疫反応のことである。アレルギーは，免疫反応の低下ではなく，過敏な免疫反応によって引き起こされる。アレルギーを引き起こす抗原をアレルゲンといい，ほこり，花粉，食品，薬剤などがこれになり得る。　　➡ **10-1** CHECK

④(正しい)　はしかは一度感染すると免疫記憶が長く続くため，その後はほとんど感染しなくなる。

⑤(正しい)　血液型が異なると輸血を行えない場合があるのは，赤血球表面の凝集原と血しょう中の凝集素の組合せにより，凝集反応が起こるためである。　　➡ **10-4** CHECK

問2　動物に毒素や病原体を注射して抗体をつくらせ，この抗体を含む血清(**抗血清**)を投与することで毒素を取り除いたり，病気を治療したりする方法を**血清療法**という。また，無毒化・弱毒化した抗原(**ワクチン**)を人為的に与えることで，免疫記憶を成立させて病気を予防する方法を**予防接種**という。　　➡ **10-3** CHECK

問3　花粉症は，スギなどの花粉がアレルゲンとなり，くしゃみや眼のかゆみなどが現れるアレルギー反応の一種である。アレルギーはアレルゲンの侵入によって引き起こされるため，アレルゲンとの接触を防ぐと症状が軽減できる。　　➡ **10-1** CHECK

2 **問1** ①（正しい）　体内の無機塩類の量を調節する鉱 ➡ 6-6 10-1 CHECK
質コルチコイドに異常があると考えられる。鉱質コルチ
コイドを分泌する副腎皮質が自己免疫によって攻撃され
ている可能性がある。

②（正しい）　血液中のカルシウム濃度は，パラトルモンに
よって調節されている。自己免疫から攻撃されている臓
器は，パラトルモンを分泌する副甲状腺だと考えられる。

③（正しい）　尿量は，脳下垂体後葉から分泌されるバソプ
レシンによって調節されている。バソプレシンの分泌を
司る脳下垂体後葉が攻撃されていることが考えられる。

④（誤り）　尿中にタンパク質やアミノ酸がみられる場合，
腎臓でのろ過や再吸収に異常があると考えられる。よっ
て，自己免疫疾患において攻撃されている器官は腎臓だ
と考えられる。

⑤（正しい）　代謝は甲状腺から分泌されるチロキシンによ
って促進される。またチロキシンの分泌は脳下垂体前葉
から分泌される甲状腺刺激ホルモンによって促進される。
よって，代謝が減退した場合，これらの器官のいずれか
が攻撃されていると考えられる。

問2　①（正しい）　リード文より，関節リウマチを起こし ➡ 10-1 CHECK
ている場合，関節の滑膜から炎症を引き起こすサイトカ
インが過剰に分泌されているため，その働きを抑えるこ
とは関節リウマチに対して有効であると考えられる。

②（正しい）　リード文に，「関節が炎症を起こしたり変形
したりする関節リウマチ」とあることから，この炎症を
抑える薬を用いることで，関節リウマチの症状を抑制で
きる可能性がある。

③（誤り）　関節リウマチは，免疫が通常と異なり自己の正
常な組織を攻撃する，自己免疫疾患である。このため，
免疫反応を強める薬を投与すると，ますます関節リウマ
チの症状が悪化してしまう可能性がある。

④（正しい）　関節リウマチによって異常に増殖した滑膜か
らは，炎症を引き起こすサイトカインが過剰分泌されて
いることから，増殖した滑膜を取り除くことで炎症を抑
制し，炎症による腫れや痛みを取り除くことができる可
能性がある。

実戦クリアー

ポイント

　　問1では，恒常性全般の正しい知識が要求される正誤判断問題を出題した。問2では，データを読み取り，計算する問題を取り上げた。基本的な数値計算ではあるが，与えられた条件を見逃さないようにすることが正答への鍵となる。単に知識を暗記するだけではなく，活用する力をつけることが，高得点の獲得に必要である。

 解答

[1]　問1　④　　　問2　⑦

 解説

[1]　問1　①（誤り）　B細胞は抗体産生細胞へと変化し，抗原に特異的な抗体を体液中に放出する。肝細胞内に侵入したウイルスは，細胞内部に留まっているため，これを攻撃する免疫細胞は感染細胞へ攻撃ができるキラーT細胞などである。

②（誤り）　抗原を食作用によって取り込むのは，マクロファージや樹状細胞である。

③（誤り）　ウイルスの感染を防ぐためにあらかじめ行う処置は，予防接種である。血清療法は，ヘビ毒などに対する治療法として用いられる。

④（正しい）　肝臓の働きの1つに，タンパク質の分解によって生じたアンモニアを尿素に代謝するものがある。肝硬変により肝細胞の働きが低下すると，血中アンモニア濃度が増加することがある。

➡ **ポイント** で示したように，「免疫」や「肝臓の働き」など複数の観点から肝硬変について考えてみよう。

➡ 感染細胞も抗原を細胞表面に示すが，これは感染されたためであって，食作用の結果ではない。

問2　ア　リード文に，「脂肪肝のヒトのうち NASH が原因の肝硬変になるヒトを 10% から 7% にすることができる」とある。よって，生活習慣の改善により脂肪肝のヒトが x% 減少したとき，脂肪肝から肝硬変に至るヒトは，$x \times 0.1 = 3$% 減少する。これより，$x = 30$ であるといえる。

イ　非ウイルス性の肝硬変のヒトの割合は $100 - 74 = 26$% である。そのうち，アルコール摂取による肝硬変のヒトの割合は 55% なので，肝硬変全体に占めるアルコール摂取が原因となる肝硬変のヒトの割合は，$26 \times 0.55 = 14.3$% 程度となる。よって，アルコールを摂取するヒトが半分になれば，肝硬変になるヒトの割合を $14.3 \div 2 ≒ 7$% 程度減らせるかもしれない。

11 植生

　標準マスター

 解答

① 問1　①　　問2　⑦

解説

① 問1　①（誤り）　二酸化炭素吸収速度として測定され
た値は，**見かけの光合成速度**である。**光合成速度**を求め
るには，測定された二酸化炭素吸収速度に，**呼吸速度**を
上乗せする必要がある。15℃ に保温した植物と 25℃ に
保温した植物について，光の強さが 0 のときの二酸化炭
素放出速度（＝呼吸速度）は 15℃ よりも 25℃ の方が大き
いので，十分に強い光が照射されているときの光合成速
度も 15℃ よりも 25℃ の方が大きい。

②（正しい）　光合成によって合成した有機物の量から，呼
吸によって消費した有機物の量を差し引いた分が，有機
物の蓄積量となる。二酸化炭素吸収速度として測定され
た値は，光合成速度から呼吸速度を差し引いたもの（見
かけの光合成速度）なので，有機物蓄積速度に等しいと
考えてよい。よって，強さが 3 の光が照射されたとき，
5℃ に保温した植物と 25℃ に保温した植物の時間あた
りの有機物の蓄積量はほぼ等しい。

③（正しい）　光の強さが 1 よりも小さいときは，すべての
グラフがほぼ平行になっている。リード文より，呼吸速
度は光の強さによらず一定なので，光の強さが 1 よりも
小さいときは，各グラフの二酸化炭素吸収速度の差は呼
吸速度の差によるものと判断できる。

④（正しい）　35℃ では，光の強さが 1 のときに二酸化炭
素吸収速度が 0 になる。このとき，光合成速度は呼吸速
度と等しくなっている。つまり，光の強さが 1 よりも小
さいときは，呼吸速度が光合成速度を上回るため，呼吸
による有機物の消費が光合成による生産を上回ると考え
られる。

➡ **11-3** CHECK

➡ 二酸化炭素吸収速度が負（－）
の値になっているときは，二
酸化炭素が放出されている。

問2　選択肢の用語について，およその値を読み取って整理し，図2・図3の値と照らし合わせてみよう。

	5℃	15℃	25℃	35℃
最大光合成速度	4.6+0.5 =5.1	6.3+0.5 =6.8	6.3+1.6 =7.9	3.4+2.7 =6.1
光補償点	0.2	0.2	0.6	1.0
光飽和点	5.2	5.5	7.8	6.5
呼吸速度	0.5	0.5	1.6	2.7

　図2に示されている**ア**の値の大小関係は

　　　5℃≒15℃<35℃<25℃

この大小関係に一致する値は，光飽和点である。

　図3に示されている**イ**の値の大小関係は

　　　5℃≒15℃<25℃<35℃

この大小関係に一致する値は，光補償点と呼吸速度の2種類あるが，図3では各温度における相対値が，5℃で約0.5，15℃で約0.5，25℃で約1.6，35℃で約2.7と読み取れる。上の表の値から，この値により近い値を示すのは呼吸速度である。

○**ア**が光飽和点であることが読み取れれば，選択肢は③と⑦に絞れる。**イ**が最大光合成速度でないことは明らかなので，その点から⑦を選んでもよい。

12 遷移

🕐 標準マスター

解答

① 問1 ⑥　　問2 ②　　問3 ③－⑥（順不同）　　問4 ②
② 問1 ⓪　　問2 ③

解説

① 問1 極相に達した森林では，林冠が光をさえぎって
おり，林床に近いほど届く光の量が少なくなる。そのた
め，林床や低木層は，光補償点が低く，うす暗い環境で
も生育しやすい陰樹の幼木や陰生植物で構成されている。

⇒ **11-2** **11-4** **12-2**
CHECK

問2 極相に達した森林で，高木や亜高木が枯れたり倒れ
たりして**ギャップ**が生じると，林床に光が差し込むよう
になる。すると，低木層の植物のうち，高木や亜高木の
幼木が急速に成長を始め，ギャップを埋める。

⇒ **12-6** **CHECK**

⇒ **問1**でみたように，極相林の
低木層には，芽生えても成長
しないため，陽樹の幼木がない。

問3 ①（正しい）　遷移が進むにつれ，森林は発達してい
く。発達した森林では，上から高木層，亜高木層，低木
層，草本層，地表層といった**階層構造**がみられる。

⇒ **11-2** **CHECK**

②・④・⑤（正しい）　極相林の林床では，極相林を構成す
る種（**極相種**）の芽生えや幼木が存在する。その幼木が
次々に育って成木と入れ替わるため，植物種の組成に大
きな変化はみられない。

⇒ **12-2** **CHECK**

③（誤り）　極相林の林床は暗いため，耐陰性が高く，光補
償点の低い植物が生活している。

⇒ **11-4** **CHECK**

⑥（誤り）　大きなギャップが開くと，地中に埋もれていた
り，飛来してきたりした陽樹の種子が発芽・生育する。
土壌があるため，一次遷移が起こるわけではない。

⇒ **12-6** **CHECK**

問4 ①（誤り），②（正しい）　生物の存在しない裸地では，
土壌がないため，保水力が弱く栄養塩類が極端に乏しい。
また，地表は直射日光にさらされるため，高温で乾燥し
ている。このような厳しい環境でも生育できる**先駆植物**
が侵入すると，これらの遺体やその分解物といった有機

⇒ **12-2** **CHECK**

物などによって土壌の形成が進む。草本植物が侵入する
と土壌の形成はさらに進み，土壌の保水力や腐植，栄養
塩類の量が増加する。

③（誤り）　遷移に伴い，砂の層は落葉や腐植に覆われて次
第に薄くなる。

④（誤り）　遷移に伴い，土壌の透水性はよくなっていく。
そのため，水は土壌に吸収されて，地表面に水たまりは
できにくくなる。

⟳ 腐植とは，落葉・落枝や生物
の遺体などが分解されてでき
た有機物のことである。

⟳ ❚11-5❚ CHECK

2　**問1**　ⓐ（正しい）　倒木などによりギャップが生じる
と，その周辺に差し込む光量は増加する。そのため，ギ
ャップが生じた時点より後の，ギャップに隣接した樹木
の成長速度は，ギャップが生じる以前よりも速くなって
いると考えられる。

ⓑ（誤り）　ギャップが生じると，ギャップ内の光量が増加
し，陽樹の幼木が芽生えることがある。しかし，陰樹の
幼木は林床でも生育が可能なため，この樹齢を調べても
ギャップが生じた年代を推定することはできない。

ⓒ（誤り）　遷移が進行するのにかかる時間や，ギャップ内
の初期の状態がわかっている場合であれば，ギャップ内
の遷移段階を調べることでギャップの発生年代を調べる
ことが可能となる。しかし，ギャップの形成当初の遷移
段階がわからない状態であると，ギャップ内の遷移段階
を調べるだけでは，ギャップの発生年代を推測すること
はできない。

⟳ ❚12-2❚ ❚12-6❚ CHECK

問2　ギャップが小さくギャップ内の光量が陽樹の光補償
点以下である場合には，林床で芽生えた陰樹の幼木が生
育する。ギャップが大きいほど，林床まで光が届くよう
になり，陽樹の芽生えが生育できるようになる。また，
ギャップが大きい場合は，ギャップ内に降り注ぐ光量が
多いので，陽樹の方が陰樹より早く大きく成長すること
から，陽樹がギャップを埋める。

　実際の森林では，さまざまな大きさのギャップが存在
している。よって，大小さまざまなギャップをもつ森林
の構成種は，ギャップのない極相林のみからなる森林よ
りも多い。

13 バイオーム

標準マスター

解答

1　問1　②
2　問1　ⓐ…④　　ⓑ…①　　ⓒ…⑥
3　問1　③
4　問1　④

解説

1　問1　日本は，南北（緯度）の気温差によってバイオームが異なる。このような緯度に応じた水平方向のバイオームの分布を**水平分布**という。日本の水平分布のうち，沖縄にみられるバイオームは，**亜熱帯多雨林**である。また，高度が100m高くなるごとに，気温は0.5～0.6℃低下するため，この気温差によってバイオームが異なる。このような高度に応じた垂直方向のバイオームの分布を**垂直分布**という。海抜1,500～2,500mくらいは**亜高山帯**とよばれ，シラビソやコメツガなどの**針葉樹林**が分布している。

⊙ **13-5** CHECK

2　問1　ⓐ…「秋から冬に枯れ落ちた広葉」から，落葉広葉樹が優占する**夏緑樹林**であると判断できる。
ⓑ…「限られた種類の低木」，「コケ植物，地衣類などが優占するバイオーム」，「低温」から，**ツンドラ**であると判断できる。
ⓒ…「きわめて多種類の植物」，「土壌有機物の分解速度が速く」から，**熱帯多雨林**であると判断できる。

⊙ **13-2 13-3 13-4** CHECK

⊙ **11-5** CHECK

[3]　問1　①・④（誤り）　**高山草原**とは，**森林限界**以上の高度の**高山帯**にみられる，高山植物からなる草原である。高山草原が成立する地域では，降水量が少ないためではなく，気温が低いために森林が成立しない。

②（誤り）　**サバンナ**は，降水量が少なく，気温が高い熱帯・亜熱帯で極相として成立する草原である。

③（正しい）　**ステップ**は，降水量が少なく，気温が比較的低い温帯で極相として成立する草原である。

⇒ 13-5 CHECK
⇒ 13-3 CHECK
⇒ 13-3 CHECK

[4]　問1　まず，降水量が各月 100 mm 以上と十分にあることから，この地域では森林が成立すると考えられる。次に，平均気温が 1 年を通して 10℃ 以上と比較的高いが，夏と冬で温度差があるため，暖温帯であると考えられる。以上から，この地域では，照葉樹林が極相となる。

⇒ 13-1 CHECK
⇒ 熱帯は，月平均気温が大きく変化しない。

生態系と生物の多様性

🕐 **標準マスター**

解答

1　問1　①
2　問1　②
3　問1　③　　　　問2　④

解説

1　①（正しい）　太陽光（非生物的環境）を受けて樹木（生物）が茂るのは作用の例である。また，樹木（生物）が茂ると林内の光量（非生物的環境）が減少して暗くなったり，地表近くの湿度（非生物的環境）が高まったりするのは環境形成作用の例である。 ▶ **14-1** CHECK

②（誤り）　植物が土中の窒素化合物を取り入れる様子を示しているだけであり不適。

③（誤り）　植物食性哺乳類が植物体を利用している様子を示しているだけであり不適。

④（誤り）　河口へ流入する川砂（非生物的環境）が減少すると，砂底を好むハマグリやアサリ（生物）が減少し泥底を好むシジミ（生物）が増加するのは作用である。しかし，環境形成作用の例がないため不適。

2　問1　**プランクトン**とは，水中で浮遊生活をするものの総称である。光合成を行うものを**植物プランクトン**，光合成を行わないものを**動物プランクトン**という。 ▶ **14-5** CHECK

①（正しい）　水界生態系での生産者は植物プランクトンや水生植物であり，一次消費者は動物プランクトンである。

②（誤り）　生産者は，光合成と呼吸の両方を行う。そのため，光合成によって有機物を合成するだけでなく，呼吸によって有機物を分解する。とくに，暗所や弱光下では，光合成量を呼吸量が上回る。 ▶ **11-3** CHECK

③・④（正しい）　動物プランクトンと植物プランクトンは，捕食者と被食者の関係にある。捕食者が増加すれば被食者は減少し，被食者が減少すれば捕食者も減少する。 ▶ **14-3** CHECK

◯ 捕食者が減少すれば被食者は増加し，被食者が増加すれば捕食者も増加する。

3 **問1** ①（誤り）　生態系に多様な生物が生息する場合，食物網は複雑になる。しかし，食物網が複雑というだけで，個体数ピラミッドが逆転することは考えにくい。

②（誤り）　寒冷地では生産者だけでなく，消費者も少なくなるため，個体数ピラミッドは逆転しない。

③（正しい）　たとえばサクラの葉をガの幼虫が摂食しており，そのガの幼虫に複数の寄生バチの卵が産み付けられている場合では，個体数ピラミッドの形が逆転する。

④（誤り）　農地では，ヒトの管理によって農作物を食害する一次消費者の数や種類が少ないことが考えられる。

⇨ 14-3　14-4　CHECK

問2 ①（誤り）　鉱物などはヒトの活動によってリサイクルが可能であるが，生産者が合成した有機物である食糧は，リサイクルできない。

②（誤り）　栄養段階の低い生物が栄養段階の高い生物に効率よく捕食される場合，栄養段階の高い生物の個体数は比較的多くなりやすい。一方，その結果，栄養段階の低い生物が減ることで高次の消費者も減少することがほとんどである。

③（誤り）　生産者の増殖効率は，光合成効率などに影響を受ける。光合成が盛んな「温暖で光量が多く，水が豊富である環境」にすべての都市があるわけではない。

④（正しい）　都市部では，多数生息しているヒトの生活の都合で，都市生態系外で生産された農作物などが移入される。そのすべてが摂食されるわけではないため，不消化排出量だけでなく，廃棄物が生じる。廃棄物は，ヒトによって処理されるだけでなく，都市生態系にも流入し，生態系内で消費される。そのため，自然界とは異なる個体数ピラミッドが成立する。

⇨ 14-3　14-4　CHECK

15　生態系のバランスと保全

🕐 **標準マスター**

解答 ┈┈

1 問1　③　　　　問2　⑥
2 問1　②

解説 ┈┈

1 問1　①（正しい）　近年，人間活動の増加によって，生態系のバランスが大きく変化するようなさまざまな影響が，非生物的環境に生じている。　➡ 15-1 15-2 15-3 CHECK

②（正しい）　家庭の生活排水に含まれる多量の有機物が分解者によって分解されると，リンや窒素などの栄養塩類が過剰に増加し，**富栄養化**が起こる。　➡ 15-2 CHECK

③（誤り）　DDT などの物質は，食物連鎖を通じて体内に蓄積される。そのため，高次の消費者に多量に蓄積される。　➡ 15-1 CHECK

④（正しい）　二酸化炭素には**温室効果**があるため，その濃度が上昇すると**地球温暖化**が進行するおそれがある。　➡ 15-3 CHECK

問2　ア…大規模な土地の開発だけではなく，焼畑や過度の放牧も森林の減少の原因となる。　➡ 15-1 CHECK

イ…生活排水や有毒の化学物質が湖沼などに流入すると，水質汚濁が引き起こされる。すると，生活排水による富栄養化や，有毒の化学物質の生物濃縮が起こる可能性がある。　➡ 15-1 15-2 CHECK

ウ…外来生物によって，その地域に古くから生息している在来生物が捕食されたり，すみかや餌が奪われたりすることがある。また，在来生物と交配して地域固有の種の特性が失われることもある。　➡ 15-3 CHECK

2 **問1** ①（誤り） 表1より，管理前に比べ，管理後3
年にはすべての調査区で見られる種数が増加し，里山の
生物の多様性の増大がみられる。

②（正しい） 林床に繁茂するササ類，シダ類を刈り取ると，
管理後3年まで低木層と草本層の被覆率の合計は減少し
た状態が続く。これにより，林床に届く光量は増え，幼
木の成長が促進されるなど，生物の多様性の増大に寄与
していると考えられる。

③（誤り） 管理前の樹種数が最も多かった調査区1よりも，
調査区3や調査区4の方が，管理後3年の樹種数は多く
なっている。この結果から，調査を行った里山において
は，管理前の生物の多様性とその回復速度に関連がある
とはいえない。

④（誤り） 表1より管理後3年までは，管理の効果により
おおよそ出現数の増大が見られることがわかる。しかし，
出現種数はある程度までは増大すると考えられるものの，
調査区内の資源は有限であることから，種数が増大を続
けるとは考えにくい。

⟹ 15-1 CHECK

実戦クリアー

ポイント

> 数値のデータとリード文の情報をすべて見比べて選択肢を選ぶ問題を取り上げた。
> 勘ではなく確実に選択肢を選び，9割獲得に必要な力を身につけてほしい。

 解答

1 　問1　②－⑦（順不同）　　　**問2**　②

解説

1 　**問1**　①（正しい）　植被率が高くなるにつれて，鳥の種数（森林の鳥の種数＋草原の鳥の種数＋その他の鳥の種数）は増加している。

②・⑦（誤り）　植被率81% ～100% の場合，森林と草原の鳥の種数は，それぞれ12種と7種である。一方，リード文より，自然の環境下における森林と草原の鳥の種数は，それぞれ35種と13種である。よって，人工化された環境では，自然の環境よりも鳥の種数は少なくなるが，その程度は，<u>草原の鳥より森林の鳥の方が著しい</u>。このことから，人工化された環境は，たとえ植被率が高くなったとしても，鳥の生息環境としては自然の環境とは異なるといえる。

③（正しい）　どの植被率においても，草原の鳥の種数は森林の鳥の種数より少ない。

④（正しい）　リード文に，住宅地や農耕地でみられたスズメやドバトは，丘陵の森林や自然草原では観察されなかったとある。よって，人工化された環境には，自然草原や森林に生息しない鳥がいるといえる。

⑤（正しい）　どの植被率においても，人工化された環境下における鳥の種数は，丘陵の森林（35種）に比べて少ない。よって，人工化された環境は，多くの鳥の生息環境として自然の森林より劣っているといえる。

⑥（正しい）　住宅地や農耕地でのみみられたスズメやドバトといった一部の鳥にとっては，人工化された環境は，自然の環境よりもよい環境であるといえる。

問2　①（誤り）　種数が多くなると異種間の干渉が強くな

➡ ポイント で示したように，森林，草原，丘陵の森林の鳥の種数を見比べて大小関係を把握しよう。

るのであれば，丘陵の森林で観察される鳥の種数が35
種にもなるのは難しいと考えられる。

② (正しい)　**問1**の「**解説**」で述べたように，人工化され
た環境と自然の環境とは異なる。よって，住宅地や農耕
地といった人工化された環境でも生息できる種は限られ
ているため，植被率が50%を超えると，観察された鳥
の種数があまり増加しなかったと考えられる。

③ (誤り)　植物が連続して地表を覆っているかどうかは，
この観察からは不明である。

④ (誤り)　表2より，植被率が50%を超えていても，森
林の鳥と草原の鳥の両方が観察されている。

Z-KAI